119 消防安全科普系列丛书

# 林牧区居民
# 消防安全手册

张志强　韩海云　主编

U0304970

中国人事出版社

图书在版编目（CIP）数据

林牧区居民消防安全手册 / 张志强，韩海云主编 . -- 北京：中国人事出版社，2021

（消防安全科普系列丛书）

ISBN 978-7-5129-1594-7

Ⅰ.①林… Ⅱ.①张…②韩… Ⅲ.①林区 – 居民 – 消防 – 安全教育 – 手册②牧区 – 居民 – 消防 – 安全教育 – 手册 Ⅳ.①TU998.1-62

中国版本图书馆 CIP 数据核字（2020）第 253600 号

**中国人事出版社出版发行**

（北京市惠新东街 1 号 邮政编码：100029）

\*

北京市白帆印务有限公司印刷装订 新华书店经销

880 毫米 × 1230 毫米 32 开本 4.25 印张 92 千字
2021 年 2 月第 1 版 2022 年 9 月第 2 次印刷

**定价：19.00 元**

读者服务部电话：（010）64929211/84209101/64921644
营销中心电话：（010）64962347
出版社网址：http://www.class.com.cn

# 序

消防工作是国民经济和社会发展的重要组成部分，事关老百姓的生命和财产安全，是促进经济社会协调健康发展的重要保障。根据应急管理部发布的 2019 年全国消防安全总体形势数据，2019 年全国共接报火灾 23.3 万起，造成 1 335 人死亡、837 人受伤，直接财产损失 36.12 亿元，其中，城乡居民住宅火灾起数占 44.8%，全年共造成 1 045 人死亡，占死亡人数的 78.3%。在百姓生活水平日益提高的背景下，却产生了大量"小火亡人""家破人亡"的悲惨事故。随着社会对消防安全工作日益重视，民众对消防知识、技能提升的需求也更加迫切。如何加强源头治理、综合治理，提升百姓火灾的防控水平，是消防安全科普工作的最紧迫课题。

中国人事出版社通过深入调研并组织科普专家团队论证后，选取了火灾危险隐患多、人员密集、人员安全意识薄弱、社会受益面大的场所，开发了"消防安全科普系列丛书"。本套丛书首批以乡村居民、社区居民、林牧区居民及高校学生为受众对象，开发了《乡村居民消防安全手册》《社区居民消防安全手册》《林牧区居民消防安全手册》和《高校学生消防安全手册》。丛书在内容上以消防安全常见问题为导线，系统梳理科普对象在工作、生活和学习中常见的消防安全问题，结合消防安全专业知识进行释疑解惑，力求为不同场所的不同对象提供用火、防火、灭火或逃生所需要的科学、实用的知识储备。

森林、草原火灾是一种突发性强、破坏性大、处置扑救较为困难的自然灾害。据国家森林草原防灭火指挥部统计，2018年全国共发生森林火灾2 478起，其中一般森林火灾1 579起、较大森林火灾894起、重大森林火灾3起、特大森林火灾2起，受害森林面积16 309公顷，因灾造成人员死亡23人，受伤16人。全国共发生草原火灾34起，受害草原面积2 400公顷，无人员伤亡。

森林、草原的火灾原因统计发现，95%以上的火灾都是人为原因引发的，如遗留火种、吸烟、违章焚烧、儿童玩火等。肆虐的森林、草原火灾对人民生命和森林、草原资源造成了严重危害。2019年3月14日，山西省沁源县沁河镇南石村，由于村民耕作时违规使用明火引发森林火灾，造成消防队员6人死亡1人重伤；2020年2月12日，四川省红原县瓦切镇由于牧民放牧时吸烟引发草原火灾，过火面积约267公顷。因此，面向广大林牧区居民广泛宣传安全用火、科学扑火、技术避火，有效防范森林、草原火灾，显得尤为必要和迫切。

全书以普通的林牧区家庭——王老汉一家三代为主角，通过描绘林牧区生活中的具体情境引入消防安全主题，以人民群众普遍关切和疑惑的问题为切入点；依据国家林业和草原局、国家森林草原防灭火指挥部的相关法规及指导意见，围绕森林、草原防灭火的关键理论和实用技能，将森林、草原火灾的特点和规律，火灾的预防，火灾的扑救，火场的逃生与自救以及相关森林、草原消防法规知识梳理为火灾篇、防火篇、灭火篇、逃生自救篇、法规篇5篇91问，以一问一答的形式为读者答疑解惑，从而系统、重点、通俗地介绍森林、草原防灭火的常识性知识。

《林牧区居民消防安全手册》由中国消防救援学院张志强副教授和中国人民警察大学韩海云教授担任主编,编写分工如下:张志强副教授撰写第1、第3、第4、第5篇,韩海云教授撰写第2篇。

本书的出版将更新和丰富面向公众的防灾减灾科普教育产品体系,为开展社会消防宣教提供工具和资料参考,引导社会公众强化消防安全意识,掌握用火、用电、用气的防火常识以及正确处理初起火灾和火场避险策略;从源头上减少因人为因素导致火灾发生的概率,防止火灾致贫、致死等恶性事故的发生,为维护社会和谐稳定、人民安居乐业的"平安中国"建设做出贡献。

# 目 录
CONTENTS

FIRE EXTINGUISHER

# 第 **1** 篇 火灾篇

【引导语】又逢每年的 4 月 6 日，黑龙江省大兴安岭林区加格达奇区加北乡五一村里的广播正在进行植树造林及春季防火的消防宣传。此时，东北地区冰雪初融、大地回暖，农忙即将开始。王老汉一家围坐在火炕上，七嘴八舌地谈论起森林、草原火灾：国家为什么每年都要倡导开展植树造林、还林还草活动？森林、草原对于人类到底有什么作用？森林、草原火灾会造成哪些危害？引发森林、草原火灾的原因有哪些？本篇通过回答王老汉一家的问题，主要介绍森林、草原的生态及经济价值，森林、草原火灾的危害以及引发森林、草原火灾的原因，帮助农牧区居民科学认识森林、草原火灾，火灾危害，起火原因，提高警惕和防范意识。

## 专题一：森林、草原的生态及经济价值

森林和草原是重要的陆地生态系统，也是重要的自然资源，是生物多样化的基础，它们不仅为人类提供了木材、草料等多种物资，更重要的是能够调节气候，保持水土，防止、减轻旱涝、风沙、冰雹等自然灾害；还有净化空气、消除噪声等功能；同时森林和草原还是天然的动植物园，哺育着各种飞禽走兽和生长着多种珍贵林种和药材。森林和草原共同构建了丰富多彩、富饶灵动的绿色世界，为人类社会的发展奠定了宝贵的物质基础。

我国历来十分重视生态文明建设。2005 年 8 月，时任浙江省委书记的习近平同志在浙江湖州安吉考察时，首次提出了"绿水青山就是金山银山"的科学论断。2013 年，习近平总书记在哈萨克斯坦纳扎尔巴耶夫大学发表演讲时提出，我们既要绿水青山，也要金山银山。宁要绿水青山，不要金山银山，而且绿水青山就是金山银山。

2015 年，党的十八届五中全会首次提出"五大发展理念"，将绿色发展作为"十三五"乃至更长时期经济社会发展的一个重要理念，成为党关于生态文明建设、社会主义现代化建设规律性认识的最新成果。2017 年 10 月，习近平总书记在党的十九大报告中提出"坚持人与自然和谐共生"。因此，必须树立和践行绿水青山就是金山银山的理念，坚持节约资源和保护环境的基本国策。

2018 年，第十三届全国人大一次会议将生态文明写入宪法，习近平生态文明思想为新时代推进生态文明建设指明了方向。

近年来，党中央带领全国各族人民坚定地走人与自然和谐发展的道路，推进封山育林、退耕还林还草、造林固沙等举措，取得了巨大成效。1990 年到 2015 年，全球森林资源面积减少了 1.29 亿公顷，而我国的森林面积却增长了 0.75 亿公顷。在森林面积增长的同时，我国林业总产值从 2001 年的 4 090 亿元增加到 2019 年的 7.56 万亿元，18 年增长了 17.5 倍。我国已成为世界上森林资源增长最快的国家之一。

### 问题 1. 森林的作用有哪些？

（1）提供木材和其他林产品

人类的祖先最初是生活在森林里的；他们靠采集野果、捕捉鸟兽为食，用树叶、兽皮做衣，在树枝上架巢做屋，逐渐发展起来。直到如今，森林仍然为我们提供着大量的生产和生活物资。世界上仍有几亿人以森林为家，靠森林谋生。

森林为人类提供木材；人们用木材盖房子、开矿山、修铁路、架桥梁、造纸、做家具……同时，森林还蕴藏着丰富的林下动植物资源。森林可提供包括果子、种子、根茎、块茎、菌类等在内的各种食物；林中的动物是宝贵的自然资源。我国东北大兴安岭林区盛产黄芪、金莲花、五味子等名贵中药；还有红豆、山丁子、野草莓等天然野果；蘑菇、木耳、猴头菇等食用菌；蕨菜、黄花菜、蒲公英等山野菜。

（2）调节气温、增加雨量

森林能够调节温度。夏季，森林浓密的树冠能吸收和散射、反射掉一部分太阳辐射能；同时，会蒸腾出大量的水分，吸收周围的热量，从而降低气温。通常，森林中的气温要比城市低 3 ~ 5 摄氏度；林地表面的温度比公路表面更要低 10 ~ 15 摄氏度。冬天，森林的光合作用和蒸腾作用变慢，热量难以散失；树叶凋落，利于阳光直射入林内。同时，林内风速低，空气流动性差，易于热量积累，所以森林里就会相对暖和。

森林有增加雨量的作用。由于林木根系深入地下，源源不断地吸取深层土壤里的水分供树木蒸腾，形成雾气，增加降水。山深林密的地方一年四季经常是多云、多雾、多雨、多雪，谚语说，"有林泉不干，天旱雨淋山"，因为降雨的多少在很大程度上决定于大气中水蒸气的多少，而树冠枝叶的巨大蒸发，为大气补充了充足的水蒸气。有数据显示，在一昼夜间，每 7 500 平方米森林输送到空中的水汽，为几千千克乃至上万千克。与非林区比较，林区的雨量要更丰沛些。

（3）保持水土、防风固沙

森林能涵养水源，是一座巨大的"水库"，在水的自然循环中发挥重要的作用。"青山常在，碧水长流"，树总是同水联系在一起。降水除了一部分被树冠截留，大部分落到树下的枯枝败叶和疏松多孔的林地土壤里被蓄积起来，增加地下水储量。在雨水较少的季节，这些蓄积的地下水，一部分汇成清流，流出林地，灌溉农田，一部分被树根吸收、树叶蒸腾后，回到空中，又积云变雨，形成降水。

1978 年江西省永新县大旱，县西北两个乡的很多地方泉水枯竭、小溪断流；而县东南两乡的许多山泉、小溪却清水潺潺、长流不断，滋润着大片农田。其中的原因就是东南两乡老林得到了很好的保护，新造的树木也已成林。

森林能防风固沙，制止水土流失。树冠、树干可降低风速，树根可固定土壤。大雨降落到森林里，渗入土壤深层和岩石缝隙，以地下水的形式缓缓流出，冲不走土壤。随着时间的推移，树根会把已有的水土经过生物改良成具有肥力的土壤。据非洲肯尼亚的记录，当年降雨量为 500 毫米时，农垦地的泥沙流失量是林区的 100 倍，放牧地的泥沙流失量是林区的 3 000 倍。

**（4）天然氧气加工工厂**

森林是"地球之肺"，是二氧化碳的消费者和氧气的制造者。森林通过吸收太阳的光能，把二氧化碳和水合成富能有机物，同时释放氧气，维持大气的碳—氧平衡。据统计，每公顷阔叶林在生长季每天大约能吸收 1 吨的二氧化碳，生产 730 千克氧气，以每人每天呼吸需要消耗氧气 0.75 千克，排出二氧化碳 0.9 千克计算，每人只要 10 平方米树林就可以满足消耗掉呼吸排出的二氧化碳并供应需要的氧气。

**（5）维持生物多样性**

森林是多类植物的生长地，也是多种动物的栖息地，是地球生物繁衍最为活跃的区域，是天然的物种库和基因库。森林中动物种类非常丰富，且以树栖种类占优势。特别是树冠层发达的热带雨林，几乎所有的陆生动物群落都可找到树栖的代表。此外还有许多地栖种类，如驯鹿和马鹿等有蹄类，在亚寒带森林中的数量很多。森林中因有地表落叶层，土壤动物亦相当丰富。森林动物间的营养关系，包括捕食、被食竞争和寄生等也极为复杂。

我国森林资源类型多样，有针叶林、针阔混交林、落叶阔叶林、常绿阔叶林、竹林、热带雨林。树种有 8 000 余种，其中乔木树种 2 000 多种，经济价值高、材质优良的就有 1 000 多种。珍贵的树种如银杏、银杉、水杉、水松、金钱松、福建柏、台湾杉、珙桐等均为我国所特有。

我国地域辽阔，森林跨寒、温、热 3 大气候带，动物资源丰富，全国划分为 8 个动物资源区系。如我国大兴安岭林区栖息着寒温带马鹿、驯鹿、驼鹿、梅花鹿、棕熊、紫貂、飞龙、野鸡、棒鸡、天鹅、獐、狍、野猪、雪兔等珍禽异兽 400 余种，是我国高纬度地区不可多得的野生动物乐园。

（6）除尘杀菌、降低噪声

树叶上的茸毛、黏液和油脂等，对尘粒有很强的吸附和过滤作用；每公顷森林每年能吸附 50 ～ 80 吨粉尘，因此森林中的空气清新洁净。在空气清新条件下，树林呼吸过程由于宇宙线的作用，会产生负氧离子，形成离子化空气。日本科学家研究发现，负离子能促进人体新陈代谢，使呼吸平稳、血压下降、精神旺盛，并能提高人体的免疫力。同时，许多树木能分泌杀菌素，如松树、榆树、银杏、白桦等树种分泌的杀菌素能杀死空气中或水中的杆菌、球菌、丝状菌或支原体病毒。据研究，城市 1 立方米空气中有细菌 2 万 ～ 3 万个，而林区 1 立方米空气中只有细菌 30 ～ 300 个。另外，森林能吸收噪声；城市噪声是现代八大生态公害之一，森林和绿篱可降低噪声，一条 40 米宽的林带可降低噪声 10 ～ 15 分贝。

📖 小知识

森林是地球上最大的陆地生态系统，是全球生物圈中重要的一环。它是地球上的基因库、蓄水库和能源库，对维系整个地球的生态平衡起着至关重要的作用，是人类赖以生存和发展的资源和环境，被称为人类文化的摇篮、地球之肺。

《中华人民共和国森林法》（以下简称《森林法》）按用途把森林分为五类。

1）防护林：以防护为主要目的的森林、林木和灌木丛，包括水源涵养林，水土保持林，防风固沙林，农田、牧场防护林，护岸林，护路林。

2）用材林：以生产木材为主要目的的森林和林木，包括以生产竹材为主要目的的林木。

3）经济林：以生产果品、食用油料、饮料、调料，工业原料和药材等为主要目的的林木。

4）薪炭林：以生产燃料为主要目的的林木。

5）特种用途林：以国防、环境保护、科学实验等为主要目的的森林和林木，包括国防林、实验林、母树林、环境保护林、风景林，名胜古迹和革命纪念地的林木，自然保护区的森林。

## 问题2. 我国重点林区有哪些?

我国有三大重点林区，即东北林区、西南林区、南方林区。

### （1）东北林区

东北林区位于我国的最北部，包括大兴安岭、小兴安岭、长白山林区，由于接近寒带，植被以耐寒针叶树居多。这里的主要树种有红松、兴安落叶松、黄花松、白桦、水曲柳等。东北林区的木材蓄积量超过全国总量的一半，是我国最大的林区。

（2）西南林区

西南林区主要包括四川、云南和西藏三省区交界处的横断山区及西藏东南部的喜马拉雅山南坡等地区。这里山峰高耸，河谷幽深，植被垂直地带性明显：山下是常绿阔叶树，山腰是落叶阔叶树，再上面是针叶树。这里的主要树种有云杉、冷杉、高山栎、云南松等，还有珍贵的柚木、紫檀、樟木等。

（3）南方林区

南方林区包括秦岭、淮河以南，云贵高原以东的广大地区。这里气候温暖，雨量充沛，树木种类很多，以杉木和马尾松为主，还有我国特有的竹木。林区南部是我国热带和亚热带的森林宝库，经济林木更是丰富多彩，有橡胶林、肉桂林、八角林、桉树林等。

---

**📖 小知识**

我国森林资源清查每5年进行1次，其目的在于查清森林资源的分布、种类、数量、质量，摸清其变化规律，客观反映自然条件、经济条件，进行综合评价，提出全面的、准确的森林资源调查资料。第九次森林资源清查（2014—2018年）报告显示，我国森林资源呈现出数量持续增加、质量稳步提升、效能不断增强的良好态势。森林面积2.2亿公顷，森林覆盖率22.96%，森林蓄积175.96亿立方米，天然林面积1.98亿公顷，人工林面积7 954.28万公顷，人工林面积居世界首位，森林面积和森林蓄积分别居世界第5位。

## 问题 3. 草原的作用有哪些？

**（1）提供畜牧产品**

草原直接或间接为人类的生存和发展提供了必要的生产和生活资料，即大量植物性和动物性原材料，如食物、燃料、药材、纤维、皮毛和其他工业原料等。草原畜牧业是草原地区的传统产业和优势产业，2017 年全国天然草原鲜草产量为 10.65 亿吨，畜产品生产能力为 2.58 亿羊单位（1 个羊单位 =1 只 50 千克的成年母羊）。

**（2）防风固沙**

草本植物作为绿色植被的先锋，它们占据着地球上森林与荒漠、冰原之间的广阔中间地带，可在林木难以生长的干旱、沙化、贫瘠的土地上生长。随着流动沙丘上草本植被的生长，植被盖度逐渐增大，沙丘逐渐由流动向半固定、固定状态演替，最终形成固定沙丘、沙地。草原植被可增加下垫面的粗糙程度，降低近地表风速，减少风蚀作用。研究表明，当植被盖度为 30% ～ 50% 时，近地面风速可降低 50%，地面输沙量仅相当于流沙地段的 1%。盖度为 60% 的草原，每年断面上通过的沙量平均只有裸露沙地的 4.5%。

**（3）涵养水源**

完好的天然草原具有截留降水的功能，比空旷裸地有更高的渗透性和保水能力，对涵养土地中的水分有着重要的意义。相同条件下，草地土壤含水量高出裸地 90% 以上；在大雨状态下草原可减少地表径流量 47% ～ 60%，减少泥土冲刷量 75%。草原是我国黄河、长江等 7 大水系的发源地，黄河水量的 80%、长江水量的 30%、东北河流水量的 50% 以上直接来源于草原。

（4）调节气候

草原对大气候和局部气候都具有调节功能。草原通过对温度、降水的影响，缓冲极端气候对环境和人类的不利影响。草原植物在生长过程中，从土壤中吸收水分，通过叶面蒸腾，把水蒸气释放到大气中，能提高环境的湿度、云量和降水，减缓地表温度的变幅，增加水循环的速度，从而影响大气中的热交换，起到调节小气候的作用。

（5）净化空气

草原是一个良好的"大气过滤器"，它吸收空气中的二氧化碳、释放氧气、降低噪声、释放负氧离子、吸附粉尘、去除空气中的有害物质，从而起到改善环境、净化空气的作用。据研究，每公顷草地每天可吸收二氧化碳 900 千克，产生氧气 600 千克。很多草类植物能把氨、硫化氢合成为蛋白质；能把有毒的硝酸盐氧化成有用的盐类。例如，多年生黑麦草和狼尾草具有抗二氧化硫污染的能力，草坪草能吸收空气中的氟化氢、氯气和某些重金属气体如汞、铅蒸气等。

（6）维持生物多样性

草原分布于不同的自然地理区域，自然条件复杂和多样性造就了草地生态系统生物的多样性。我国草原主要分布在华北、西北边疆地区，这里海拔较高、气候寒冷、降雨稀少、生长季节短暂，限制了森林的生长，但为耐寒、耐旱的草本植被的发育和草食动物的繁衍生息创造了得天独厚的条件，构成了我国生物多样性系统中特殊的结构部分。

### 📖 小知识

草原是由草本植物和灌木为主的植被覆盖的土地，包括天然草原和人工草地，是地球生态系统的重要组成部分。其通常分布在年降水量200～300毫米的栗钙土、黑钙土地区，是由旱生或中旱生草本植物组成的草本植物群落。

《中华人民共和国草原法》（以下简称《草原法》）第四十二条对基本草原进行了划定：

1）重要放牧场；

2）割草地；

3）用于畜牧业生产的人工草地、退耕还草地以及改良草地、草种基地；

4）对调节气候、涵养水源、保持水土、防风固沙具有特殊作用的草原；

5）作为国家重点保护野生动植物生存环境的草原；

6）草原科研、教学试验基地；

7）国务院规定应当划为基本草原的其他草原。

## 问题4. 我国重点牧区有哪些?

我国有四大牧区，分别是内蒙古、新疆、西藏、青海牧区。其大部分位于非季风区，年降水量均在400毫米以下。牧区是我国少数民族主要聚居区，有蒙古族、藏族、维吾尔族、回族、满族、朝鲜族、哈萨克族、柯尔克孜族等40多个少数民族，总人口为5 052万人。牧区社会经济严重落后于内地，主要是经济上欠发达地区。

（1）内蒙古牧区

内蒙古牧区是我国最大的牧区，它东起大兴安岭，西至额济纳戈壁，面积88万多平方公里，草场面积0.88亿公顷，约占全国草场面积的1/4。全区生长着各种牧草近千种，大小牲畜4 000万头，居全国首位，牛羊肉产量居全国第二位，牛奶产量居全国第四位，绵羊毛、山羊毛及驼毛产量居全国第一位。优良畜种有三河马、三河牛等。

（2）新疆牧区

新疆牧区是我国第二大牧区，草场面积0.8亿公顷，其中可利用的有0.5亿公顷，占全国可利用草场面积的26.8%。牧草种类繁多，品质优良，现在全区牲畜最高饲养量为3 590多万头，年产值达6.9亿元。其主要畜牧品种有细毛羊、羔皮羊、阿勒泰大尾羊、和田羊、伊犁马、骆驼等。

（3）西藏牧区

西藏牧区是我国最大的高寒草甸草原畜牧区，草场面积约0.53亿公顷。由于自然条件高寒，藏东南的山地峡谷草场质量较好，主要畜种有藏牦牛、藏羊、藏马等。

（4）青海牧区

青海牧区草场面积为0.72亿公顷，其中可利用草场0.33亿公顷。牲畜存栏数2 000多万头，其中牦牛近500万头，占全国牦牛总数的40%。

### 小知识

　　我国是一个草原大国，有天然草原 3.928 亿公顷，约占全球草原面积的 12%，居世界第一。从我国各类土地资源来看，草原面积最大，占国土面积的 40.9%，是耕地面积的 2.91 倍、森林面积的 1.89 倍，是耕地与森林面积之和的 1.15 倍。如果从我国的东北到西南画一条斜线，也就是从东北的完达山开始，越过长城，沿吕梁山，经延安，一直向西南到青藏高原的东麓为止，可以把中国分为两大地理区：东南部分是丘陵平原区，离海洋较近，气候温湿，大部分为农业区；西北部分多为高山峻岭，离海洋远，气候干旱，风沙较多，是主要的草原区。

**专题二：
森林、草原
火灾的危害**

### 问题 5. 什么是森林火灾？

　　森林火灾，是指失去人为控制，在林地内自由蔓延和扩展，对森林、森林生态系统和人类带来一定危害和损失的林火行为。森林火灾是一种突发性强，破坏性大，处置救助较为困难的自然灾害。

## 问题 6. 森林火灾分为哪几级？

根据 2008 年 11 月修订的《森林防火条例》第四十条的规定，按照受害森林面积和伤亡人数，森林火灾分为一般森林火灾、较大森林火灾、重大森林火灾和特别重大森林火灾。

一般森林火灾：受害森林面积在 1 公顷以下或者其他林地起火的，或者死亡 1 人以上 3 人以下的，或者重伤 1 人以上 10 人以下的。

较大森林火灾：受害森林面积在 1 公顷以上 100 公顷以下的，或者死亡 3 人以上 10 人以下的，或者重伤 10 人以上 50 人以下的。

重大森林火灾：受害森林面积在 100 公顷以上 1 000 公顷以下的，或者死亡 10 人以上 30 人以下的，或者重伤 50 人以上 100 人以下的。

特别重大森林火灾：受害森林面积在 1 000 公顷以上的，或者死亡 30 人以上的，或者重伤 100 人以上的。

注："以上"含本数，"以下"不含本数。

## 问题 7. 森林火灾有什么危害？

### （1）极易造成人员伤亡，严重威胁生命安全

森林多分布于偏远的山区；地形复杂、交通不便、山高、坡陡、谷深、林密，易形成局部小气候；加之森林火灾突发性强、破坏性大，扑救不当极易造成人员烧伤烧亡。近年来，由于全球气候异常，森林火灾频发，造成了重大人员伤亡。2018 年 7 月，希腊首都雅典西部基内塔地区发生山火，造成 91 人死亡，25 人失踪。同年 11 月，美国加

州北部地区突发坎普山火，造成 86 人死亡，200 余人失踪。2019 年 9 月，澳大利亚爆发森林火灾，大火持续燃烧近 5 个月，最终造成 33 人死亡，12.5 亿只动物葬身火海。

**（2）房屋村镇被烧毁，严重危及财产安全**

森林内分布着规模不等的人员居住区，有的村屯依林而建，有的乡镇与森林相连，甚至有的居民在林内生活。一旦发生森林火灾，极易祸及房屋和村镇，造成生命财产的重大损失。此外，扑救森林火灾也要耗费大量的人力、物力和财力，影响农林业生产。例如，美国加州的比尤特县天堂镇坐落于森林中，环境优美、宜居安逸，被誉为"养老者天堂"。2018 年 11 月 8 日的加州山火将其夷为平地，造成 7 000 余所民宅被烧毁。澳大利亚悉尼市坐落于森林边缘，面海背山，森林资源达 8 000 多公顷，2019 年澳大利亚跨年山火造成 2 500 余栋民居被烧，经济损失达数千万澳元。

**（3）森林植被被烧毁，严重破坏生态环境**

森林遭受火灾后，有些树木很难再生，特别是土层较薄的山地或岩石山，植被很难恢复，如果反复多次被火烧，还会成为荒草地、裸地，易造成水土流失或泥石流等灾害。此外，烧伤烧死植被得不到及时清理，易引发大面积的病虫害，危及植物生长，甚至危及整个生态安全。2019 年的澳大利亚森林山火，过火面积 1 170 万公顷，对森林生态系统造成了严重破坏。据澳大利亚塔斯马尼亚大学的植物地理学教授大卫·鲍曼评估，澳大利亚的森林资源至少需一个世纪的时间才能恢复到之前的水平。

**（4）烟尘污染空气，严重影响生活质量**

森林燃烧会产生大量的烟雾，其主要成分为二氧化碳和水蒸气，两者占烟雾成分的 90% ~ 95%；森林燃烧还会产生一氧化碳、碳氢化合物、碳化物、氮氧化物及微粒物质，占 5% ~ 10%。除水蒸气以外，其他物质的含量超过某一限度时都会造成空气污染，人吸入大量有害气体会对身体健康造成很大的危害。2019 年的澳大利亚森林大火释放约 3.5 亿吨二氧化碳，相当于澳大利亚 2018 年全年温室气体排放量（5.32 亿吨）的 2/3。美国航空航天局戈达德太空飞行中心的科学家安德拉指出，森林生长时会不断吸收二氧化碳，但此次澳大利亚山火产生的二氧化碳数量巨大，需要数十年时间才能全数吸收。

### 问题 8. 什么是草原火灾?

草原火灾是指因自然或人为原因，在草原或草山起火燃烧成灾，烧毁草地，破坏草原生态环境，降低畜牧承载能力，促使草原退化，并造成人民生命财产损失的自然灾害。

### 问题 9. 草原火灾分为哪几级?

依据《草原火灾级别划分规定》（农牧发〔2010〕7 号），根据受害草原面积、伤亡人数和经济损失，将草原火灾划分为四个等级。

特别重大（Ⅰ级）草原火灾：受害草原面积 8 000 公顷以上的；造成死亡 10 人以上，或造成死亡和重伤合计 20 人以上的；直接经济损失 500 万元以上的。

重大（Ⅱ级）草原火灾：受害草原面积 5 000 公顷以上 8 000 公顷以下的；造成死亡 3 人以上 10 人以下，或造成死亡和重伤合计 10 人以上 20 人以下的；直接经济损失 300 万元以上 500 万元以下的。

较大（Ⅲ级）草原火灾：受害草原面积 1 000 公顷以上 5 000 公顷以下的；造成死亡 3 人以下，或造成重伤 3 人以上 10 人以下的；直接经济损失 50 万元以上 300 万元以下的。

一般（Ⅳ级）草原火灾：受害草原面积 10 公顷以上 1 000 公顷以下的；造成重伤 1 人以上 3 人以下的；直接经济损失 5 000 元以上 50 万元以下的。

"以上"含本数，"以下"不含本数。

## 问题 10. 草原火灾有什么危害？

（1）破坏草原生态系统

草原火灾烧死地表植被，造成地表裸露，失去草地涵养水源和保持水土的作用，易引起水涝、干旱、泥石流、滑坡、风沙等其他自然灾害发生，给原本就十分脆弱的草原生态系统带来不利影响。另外，草原火灾可导致某些物种消失，引起草原植物演替，降低草地的利用价值。

（2）危及人民生命财产安全

草原火灾烧毁牧民的各种生产设施和建筑物，威胁草原附近的村镇，危及牧民的生命财产的安全。同时，扑救草原火灾要消耗大量的人力、物力和财力，严重影响牧区的生产、生活秩序。有时还会造成人身伤亡，影响社会安定。

（3）严重影响林牧区生产

我国的草原在地理位置上与森林相连，一旦起火，极易蔓延到林内，对森林构成严重威胁。据统计，内蒙古自治区的重大森林火灾的 70% 是由草原火灾引起的。

草原火灾烧掉了牲畜赖以生存的牧草，迫使大批牲畜转场放牧，使某一地段的放牧压力急剧增加。同时，对牲畜安全越冬、产羔等生产环节造成不良影响。

专题三:
引发森林、
草原火灾
的原因

森林、草原幅员辽阔,一旦发生火灾可使大片森林、草场化为灰烬,村寨房舍灰飞烟灭,直接危及人们的生命财产安全。引发森林、草原火灾的直接原因有很多,大体上可分为人为因素和自然因素两大类,其中人为因素是引发森林、草原火灾的主要原因。

### 问题 11. 发生森林、草原火灾必须具备哪些条件?

发生森林、草原火灾必须具备三个条件:①可燃物(包括树木、灌木、杂草等植物)是发生森林、草原火灾的物质基础;②火险天气是发生森林、草原火灾的重要条件;③火源是发生森林、草原火灾的主导因素。三者缺一不可,共同构成了森林、草原火灾燃烧三角;如果三者缺少任何一个条件,森林、草原火灾就不会发生。大量的事实说明森林、草原火灾是可以预防的,可燃物和火源可以进行人为控制,而火险天气也可通过预警监测来进行防范。

### 问题 12. 森林、草原的可燃物有哪些?

凡是能与氧气或氧化剂结合并能产生光和热的物质都是可燃物。森林、草原的可燃物是指森林、草原中所有的有机物,通常是指森林、草原中的植物、植物的凋落物及其衍生物，包括乔木、灌木、藤本植物、草本植物、苔藓、地衣、倒木、枯立木、凋落物（掉落的花、叶、皮、果和枝条等）及森林、草原植物的衍生物——泥炭和腐殖质。事实上，森林、草原火灾中，森林、草原中的真菌、动物及其排泄物也会燃烧，因此，它们属于森林、草原可燃物。

### 问题 13. 风对森林、草原火灾有什么影响？

森林、草原燃烧必须有足够的氧气作为助燃物。在近地面空气中，氧气的体积分数通常为 21%。风是空气的水平运动，其有利于燃烧所需氧气的供应。当相邻两处气压不相同时，空气就会从高压向低压移动；压差越大，空气水平流动的速度就越快，风速就越大，预示火的蔓延速度就越快。

风对森林、草原火灾的影响主要有三个：①加快可燃物水分蒸发，使其快速干燥而易燃；②不断补充氧气，增加助燃条件，加快燃烧过程；③改变热对流，增加热平流，缩短预热时间，加快蔓延速度。"火借风势，风助火威"就说明了风与火的关系。

相同天气条件下，地被物不同，风对火灾的发生和蔓延的影响也不同。草原地势空旷，无阻挡，风速高，枯草易干燥。而在森林中，由于受树木的阻挡，风速低、湿度大、可燃物干燥慢。另外，风速越大，越容易发生火灾。特别是在连续干旱、高温的天气条件下，风速是决定发生森林火灾次数多少和面积大小的重要因素。表 1–1 显示了月平均风速与火灾次数的关系。

表 1-1　月平均风速与火灾次数的关系

| 月平均风速 /（m/s） | ≤ 2 | 2 ~ 3 | 3 ~ 4 | >4 |
|---|---|---|---|---|
| 火灾次数 / 次 | 1 | 23 | 31 | 64 |
| 占百分比 /% | 1 | 20 | 25 | 54 |

### 问题 14. 引发森林、草原火灾的火源有哪些?

火源是指能引起森林、草原燃烧的热源。引发森林、草原火灾的火源可分为自然火源和人为火源两大类,其中人为火源占 97%（未查明原因的占 2%）,自然火源占 3%（见图 1-1）。

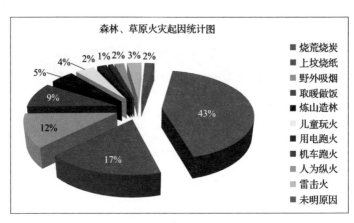

图 1-1　森林、草原火灾起因统计图

### 问题 15. 引发森林火灾的自然火源有哪些?

凡非人为原因引发的森林火灾都属于自然火源,如雷击火、泥炭自燃、火山爆发、陨石坠落,其中以雷击火最常见。据统计,2017年,内蒙古大兴安岭发生的 40 起森林火灾中有 35 起是雷击火,2019年发生的 24 起森林火灾全部是雷击火。

## 小知识

（1）雷击火

雷击火是由雷暴形成"连续电流"的闪电接触地面，引燃具备燃烧条件的可燃物发生的火灾。这里所说的雷击主要是指干雷暴，通俗点说就是"光打雷不下雨"，由于树木的导电性能差，被电击中时，对从它们"身体"流过的电流产生很大的阻力，这个阻力会让树的温度迅速升高，高温会让树中的水分变成蒸汽，水蒸气迅速膨胀。当树木无法承受时，树就会从中间裂开或者断裂，甚至爆炸起火。

雷击火的分布首先与雷暴系统的路径有关，其次受植被状况和地形的影响，沟塘、草甸、河谷草地最容易发生雷击火，降水、平均温度对雷击火的发生起主导作用。

从全球范围来看，近年来，随着气候变暖，厄尔尼诺、拉尼娜等异常气候现象频繁出现，雷击森林火灾进入新一轮多发期。根据地球表面雷电风暴的分布，由雷击火引发森林火灾较多的国家，主要是美国、加拿大、俄罗斯、中国和澳大利亚等。加拿大的雷击火次数占森林火灾总数的76%；在澳大利亚的维多利亚州，每年大约有26%的森林火灾是由雷击引起的，过火面积几乎占过火面积总数的50%；美国每年平均有1万～1.5万次雷击火，美国西部山区大约有68%的森林火灾是由雷击引起的；俄罗斯每年的雷击火占森林火灾总数的16%。

在我国，黑龙江大兴安岭林区和内蒙古呼伦贝尔盟林区是雷击火发生最频繁的地区，分别占所在地区森林火灾次数的38%和18%，其次是新疆天山和阿尔泰林区。夏季雷击已成为大兴安岭林区最主要的森林火灾原因。

（2）泥炭自燃

泥炭层是指由泥炭化作用形成的粗腐殖质层。其厚度取决于泥炭所在地区的水热条件以及植物的生长和分解状况。在沼泽、河湖岸边的低湿地段，地下水位高，土体中水分过多，湿生、水生生物年复一年枯死，其残落物不易被分解，日积月累堆积形成有机物分解很差的纤维、木质的泥炭。

常年累积的泥炭由于其内部的物理作用（如吸附、辐射等）、化学作用（如氧化、分解、聚合等）或生物作用（如发酵、细菌腐败等）而发热，热量积聚导致升温，当达到一定温度时，泥炭就会自燃。

## 问题 16. 引发森林火灾的人为火源有哪些？

人为火源是引发森林火灾的主要火源。人为火源按来源可分为生产性用火、非生产性用火、其他火源 3 类，包括烧荒、烧田埂、烧炭、烧砖瓦、烧石灰、采石放炮、机车喷火、高压线脱落、野外烧火做饭、随意丢弃烟头、取暖、照明、迷信用火、小孩玩火、燃放鞭炮和人为纵火等。

## 问题 17. 引发草原火灾的自然火源有哪些?

引发草原火灾的自然火源多而复杂,干雷暴是最常见的一种。干雷暴是指日降雨量小于 1 毫米的雷暴天气,它主要是干性锋面系统带来的一种天气现象,以 4—7 月为多见。草原可燃物在这种天气条件下,极易被雷击而形成雷击火。其次是腐殖质层自燃。另外,磷火也是草原火灾的起因之一,大量的死畜骨架遗留在草原上,而骨骼中丰富的磷易引发野火。

### 📖 小知识

磷火俗称"鬼火",是一种很普通的自然现象。磷与水或碱作用时产生磷化氢,磷化氢燃点很低,常温下很容易自燃,常发出白色带蓝绿色的火焰。

动物体除含有碳、氢、氧元素外,还含有磷、硫、铁等微量元素,骨骼里含有较多的磷化钙。动物死后,尸体腐烂发生各种化学反应,产生磷化氢,磷化氢再与空气接触便会燃烧。磷火的颜色随着动物体内所含有元素含量的不同有所区别,通常为蓝、绿、红三种。

## 问题 18. 引发草原火灾的人为火源有哪些?

引发草原火灾的人为火源主要有机车喷火、乱扔烟头、小孩玩火、防火隔离带跑火、居民倾倒炉渣复燃、烧荒等。另外,境外火蔓延也是引发我国草原火灾的一个重要因素。近年来不断有境外火烧入我国境内，引发草原火灾。我国的境外火入侵主要发生在东北、西北和西南地区，特别是蒙古的火灾过境较多。据统计，自中华人民共和国成立以来，东北、内蒙古边境地区共发生草原火灾4 000余起，其中过境火600余起。受害草原面积613万公顷，经济损失达30余亿元，并造成大量人员伤亡。

专题四：
森林、草原
火灾案例

### 问题 19. 为什么生产作业不当易引发森林、草原火灾?

林牧区每年都要定期开展营林、护草工作，清理林间杂物、劣势树种、灌丛、杂草，以确保优势树种、草种的生长。因此，使用割灌机、油锯、灭火机等工具十分频繁。如果出现机具操作不当、设备漏油等问题，尤其在草木干枯、大风频繁的春、秋季，易引发森林、草原火灾。

【案例】1987年5月6日，黑龙江省大兴安岭地区的西林吉、图强、阿木尔和塔河4个林业局所属的几处林场同时起火，引起中华人民共和国成立以来最严重的一次特大森林火灾，震惊国内外。5.88万名军、警、民经过 28 个昼夜的奋力扑救，于 6 月 2 日将大火彻底扑灭。此次森林大火使国家的森林资源损失惨重，造成直接经济损失 5 亿多元。火场总面积达 1.7 万平方千米（包括境外部分），境内森林受害面积 101 万公顷，受灾居民 1 万多户，灾民 5 万余人。大火造成 211 人丧生，266 人烧伤。

经灾后事故调查认定，起火最初原因是漠河县林业局一位林场工人启动割灌机引燃了滴落在地上的汽油所致，灭火时只熄灭明火，却没有打净残火余火，致使火势失控。更深层的原因是平时林区防火投入不足，灭火过程中也有严重官僚作风。火灾扑灭后，时任林业部部长和 1 名副部长被撤职。

## 问题 20. 为什么儿童玩火引发森林、草原火灾的概率较高?

林牧区大多分布在相对偏远、交通不便、发展滞后的地区，由于教育落后，林牧区群众文化程度普遍偏低，儿童缺乏正确的防灭火意识的教育和引导。加之林牧区游乐设施较少，导致儿童玩火引起的森林、草原火灾的概率较高。

【案例】2010 年 12 月 5 日 12 时左右，四川省甘孜州道孚县孜龙山村呷呜沟，由于 1 名 6 岁儿童野外玩火，引发山地灌丛草原火灾。火情发生后，道孚县委、县政府立即组织县林业局、农牧局、武装部、甘孜军分区独立营、武警甘孜州森林支队道孚大队和鲜水镇干部群众奔赴火场展开扑救。15 时火势得到初步控制；此时，部分人员前往呷呜沟底清理尚存余火。15 时 10 分，火场突起大风吹燃余火，将扑火人员围困至沟内，不到 1 分钟，大火就造成 23 人死亡（其中包括 15 名解放军官兵）、3 人受伤。

## 问题 21. 为什么过境火对我国草原危害严重?

近年来,蒙古及俄罗斯的境外火频繁入境,成为引起我国草原火灾的一个重要因素。特别是内蒙古呼伦贝尔盟西部、锡林郭勒盟东北部草原区,平均每年由境外火蔓延引起的草原火灾有几起甚至数十起。2019 年共发生草原火灾 45 起,其中重大火灾 1 起、特大火灾 2 起,均为境外火烧入引发,受害草原面积约 66 705 公顷。

【案例】2015 年 4 月 13 日 10 时,俄罗斯草原火蔓延至内蒙古呼伦贝尔市陈巴尔虎旗巴彦哈达苏木八大关境内,并烧入额尔古纳市黑山头镇。1 800 名扑火人员历经 23 小时将外线明火全部扑灭。火灾烧毁房屋棚舍 97 座、车辆与机械设备 105 台、饲草料 1 307.5 万千克,受害草原面积 2.86 万公顷,直接经济损失 2 850 万元。

## 问题 22. 烧荒是否容易引发草原火灾?

引发草原火灾的原因很多,而烧荒引起草原火灾的比例最高,其次是吸烟不慎和上坟烧纸,分别占火灾发生次数的 17.9%、14.3% 和 12.5%。每年 3 月、4 月份全国草原火灾发生次数最多,占全年火灾发生次数的 63.6%,其中很多火灾就是由于烧荒跑火所引发的。

【案例】2016 年 3 月 29 日 11 时,内蒙古锡林郭勒盟东乌旗萨麦苏木巴彦敖包嘎查,一名牧民烧荒跑火,引发草原火灾。在扑火人员及时扑救下,火场外围明火于 19 时得到有效控制。在清理火场时,火场风力突然增大至短时 9 级以上,能见度不足 10 米,致使火势再次迅速蔓延,最终经过 380 名扑火人员奋力扑救,火场明火于 31 日 1 时30 分被全部扑灭。此次火灾共烧死牲畜 2 947 头,烧毁牧草 2 000 万千克，受害草原面积 2.6 万公顷，直接经济损失近 400 万元。

## 问题 23. 为什么雷击火易引发森林、草原大火？

雷击火是引发森林、草原火灾的重要自然原因之一，也是最常见的自然原因，其主要发生在干旱少雨的春夏季节。受植被状况和地形的影响，沟塘、草甸、河谷草地最容易发生雷击火，降水、平均温度对雷击火的发生起主导作用。同时，由于雷击火多发生在偏远的原始林区，交通不便，扑救处置困难，火灾易发展成为重特大森林、草原火灾。

### 📖 小知识

林火爆燃是指"林火爆炸性燃烧"，往往突然发生，会在短时间内形成巨大火球、蘑菇云等，爆燃时产生的温度极高，极易造成灭火人员伤亡。

林火爆燃是一种极端的林火行为，其发生、发展通常受可燃物、地形和气象因素三者的相互作用和影响。一是阴燃：当林内可燃物阴燃（只见黑烟，不见明火）时，会产生大量的一氧化碳。二是峡谷地形：相对封闭的峡谷地形（如单口山谷、狭窄山谷、山洼、草塘沟）有利于可燃气体的聚集，经过一段时间的聚集，其浓度可达到爆炸极限。三是风：当可燃物浓度达到爆炸极限时，一旦有风吹入谷内，一氧化碳就会与空气中的氧气充分混合，遇有火源产生带有冲击力的预混燃烧，发生爆炸性燃烧。

# 第2篇　防火篇

【引导语】9月份是我国东北地区秋收的季节，看着田野里翻滚的金黄色麦浪，王老汉脸上露出了喜悦的神色，但想到随着天气日渐转凉，草木逐渐枯萎、干燥、凋落，地面聚集了厚厚的枯枝落叶，王老汉心中不免有些担忧，如果此时人们生活、生产用火不慎，极易引发森林、草原火灾。目前，村中还存在部分村民不了解森林、草原防灭火组织机构、职责分工，不掌握相关森林、草原火灾的预防措施的现象。本篇从认识森林、草原火灾的特点、规律入手，介绍了森林、草原火灾防灭火组织机构、职责分工，火灾预防措施及注意事项，目的是指导农牧区居民采取有效的火灾预防措施，减少火灾发生或减少火灾造成的损失。

专题一：
森林、草原
火灾的特点

森林、草原火灾的发生与传播受地形、植被、气候、人为等因素的影响，其火灾发生的次数、规模具有一定的规律性。①年周期性变化：干旱年和湿润年的交替更迭，森林火灾就有年周期性的变化。②季节性变化：凡一年内干季和湿季分明的地区，森林火灾往往发生在干季。③日变化：在一天内，太阳辐射热的强度不一，中午气温高，相对湿度小，风大时，发生森林火灾的次数多。

### 问题 24. 我国森林火灾分布有什么特点？

我国的森林火灾呈地域性分布，总体可概括为 3 点。①森林火灾空间分布：东部多西部少。②森林火灾发生次数：南部多于北部。③过火面积：北方大于南方。

（1）森林火灾空间分布：东部多西部少

我国东部森林火灾次数占全国森林火灾总次数的 99.07%，东部森林火灾过火面积占全国总过火面积的 99.67%。其原因主要有两点：一是我国森林主要分布在东部地区，森林占全国总森林覆被率的98.8%。西部主要为草原、荒漠分布区，森林仅分布在青藏高原，且多分布在谷地和新疆山地，森林覆被率仅占全国的 1.2%。二是东部森林多为连续分布，西部森林为间断分布，所以东部森林火灾次数和过火面积均比西部多。

我国的森林火灾多集中在黑龙江、内蒙古、云南、广西、广东、福建、贵州、湖南、江西、湖北、四川、吉林、安徽等（按火灾面积大小排序）。

**（2）森林火灾发生次数：南部多于北部**

我国南方省（区）年森林火灾次数占全国森林火灾发生总次数的80%以上。全国其他地区仅占20%。森林火灾主要集中在长江以南部分省（区）。其主要有两个方面的原因：一方面，由于南方地区林农交错，林田相连，村林交错，林地面积分散，山高坡陡，地形复杂，再加上人口稠密，野外火源多，管理控制难度大，在小气候环境下风向不定，扑救火灾难度更大，因此火灾频繁。另一方面，南方森林结构单一，火灾自御能力差，自控能力低。

我国火灾发生次数最多的省（区）是云南，其次是广西、福建、湖南、贵州、广东、四川。按大的林区划分，南方林区占火灾总次数的52%，西南林区占37%，西北林区占6%，东北、内蒙古林区占4%，其他林区占1%。

**（3）过火面积：北方大于南方**

我国东北和内蒙古东部地势平缓，沟塘宽阔，林地草场相连，春、秋两季受西伯利亚季风的影响，降水稀少，气候干旱，大风天气多，加之地处偏远，交通不便，一旦着火，扑救困难，常造成大面积森林受害。虽然火灾次数仅为全国森林火灾次数的4%左右，但是平均每年的受害森林面积占全国受害森林面积的50%以上。

我国森林火灾受害面积最大的为黑龙江、内蒙古，其次是云南、广西。按大的林区划分为东北、内蒙古林区森林火灾面积占

50%，西南林区占 24%，南方林区占 18%，西北林区占 7%，其他林区占 1%。

## 问题 25. 我国草原火灾分布有什么特点?

我国是世界上草原资源最丰富的国家之一，草原总面积近 4 亿公顷，约 3.15 亿公顷草原分布于干旱、半干旱的北方地区（其中 1.33 亿公顷草原易发生火灾，0.67 亿公顷草原频繁发生火灾）。尤其是东经 110° 以东、北纬 40° 以北的草原区牧草茂密，春、秋两季枯枝落叶丰厚，气候干旱，其火灾频繁发生，极易造成突发性灾害，给当地的畜牧业生产及人民生活带来巨大损失。

（1）从空间分布上来看：火灾发生次数和损失由东向西逐渐递减

草原火灾发生次数和损失呈由东向西逐渐递减的分布格局。我国东部草原草被盖度大，每平方米最大可燃物储量为 255.2 克，导致火灾发生频率高，灾情严重；西部分布荒漠草原，每平方米可燃物储量为 71.89 克，低于燃烧发生的每平方米最小可燃物储量（150 ~ 200 克），几乎不发生火灾。中部干草原每平方米可燃物储量为 217.8 克，介于二者之间，火情状况居中。

内蒙古自治区为我国草原火灾的主要发生区域，占火灾发生次数的 95% 以上。草原火灾频繁发生于内蒙古东部，其中锡林郭勒盟东乌旗和西乌旗的火灾次数占 64.95%，过火面积占 92.32%，82% 的特大火灾发生在该区；中部偏北区域包括锡林浩特和阿巴嘎旗，火灾次数占 29.91%，过火面积占 7.64%，特大火灾次数占 18%；中部偏南区域有少量火灾发生，包括多伦县、黄旗、太仆寺旗和正蓝旗，火灾次数占 5.14%，过火面积占 0.04%，无特大火灾发生；西部区域几乎不发生火灾，包括二连浩特、苏右旗和苏左旗。

（2）从时间分布上来看：火灾呈年际、季节性及日周期性变化

一是草原火灾呈年际周期性变化。20世纪70年代前，全国每隔4~5年草原火灾出现一个高峰，即草原火灾的火周期为4~5年；20世纪70年代以后，每隔6~8年出现一个高峰，火周期延长了2~3年。其主要是与火源管控、火环境条件及火管理水平有关。火灾是草原中长期存在的现象，无论人为管控的力度有多大，完全消除火灾是不现实的，但会对火周期有一定的影响。

二是草原火灾呈季节性周期性变化。全国草原火灾主要发生在3—6月和9—11月；7月份也有少量火灾发生，8月份则几乎不发生火灾；从当年12月至次年2月份也几乎无火灾发生。全年火灾发生期长达8个月。草原火灾的季节分布主要取决于各季节的可燃物及火险气象条件。

每年3—6月，草原火灾发生次数和过火面积分别占全年总数的59.8%和91.86%；4月份火灾次数最多，5月份过火面积最大，是全年第一个重点防火时段。秋季9—11月份会出现第二个火灾高峰期，以10月份火灾次数和过火面积最大，分别占24.12%和5.76%，是全年第二个重点防火时段。

三是草原火灾呈日周期性变化。一天内，草原火灾主要发生在8：00—17：00，占全天火灾次数的90.4%。14：00是火灾发生的高峰时段，火灾次数占16.72%。14：00前，火灾次数逐渐增加，之后逐渐减少。火灾次数的这种日变化与气温、湿度等火险气象因素的日变化基本一致。

（3）从趋势上来看：火灾发生频率逐年增加

1957年7月25日国务院发布的《中华人民共和国水土保持暂行

纲要》提出禁垦坡度和退耕造林种草的要求。从 2000 年开始，我国在水土流失严重的水蚀区和风蚀区实施退耕还林还草工程，已成为改善西部地区恶劣生态环境的一项重大措施。随着我国草原生态工程建设的大规模开展，草地植被得到较好的保护，地表可燃物逐年增加，草原火灾的发生频率有明显增加的趋势，草原火灾的发生区域在不断扩大，各地的草原火险等级也在逐渐提高。

### 📖 小知识

内蒙古属半干旱半湿润的中温带季风气候，东部为半湿润地带，西部为半干旱地带。内蒙古从东至西可分为两大气候区：①草原气候区，从东端呼伦贝尔盟至阴山河套平原一带；②沙漠气候区，从阴山以西阿拉善沙漠高原至巴丹吉林沙漠。

内蒙古大草原是我国重要的畜牧业生产基地。从北部的呼伦贝尔草原到西南部的鄂尔多斯草原，从东部的科尔沁草原到西部的阿拉善荒漠草原，总面积达 8 666.7 万公顷，其中可利用草场 6 818 万公顷，约占内蒙古自治区（118.3 万平方公里）土地面积的 60%，占全国草场总面积的 1/4 以上。

## 问题 26. 森林火险等级是怎样划分的？

森林火灾的发生、发展与气象条件密不可分，森林火险是森林火灾发生的可能性和蔓延难易程度的一项重要度量指标。森林火险等级的区划是森林防火管理的重要依据。

根据中华人民共和国气象行业标准《森林火险气象等级》（QX/T 77—2007）的相关规定，森林火险等级划分为五级（见表 2-1）。一级：森林火险气象等级低，可以用火。二级：森林火险气象等级较低，可以用火，但要防止跑火。三级：森林火险气象等级较高，须加强防范，严格控制用火。四级：森林火险气象等级高，林区须加强火源管理，停止用火。五级：森林火险气象等级极高，严禁一切林内用火。

表 2-1　森林火险等级划分表

| 级别 | 名称 | 危险程度 | 易燃程度 | 蔓延扩散程度 | 表征颜色 |
|---|---|---|---|---|---|
| 一级 | 低火险 | 低 | 难 | 难 | 绿色 |
| 二级 | 较低火险 | 较低 | 较难 | 较难 | 蓝色 |
| 三级 | 较高火险 | 较高 | 较易 | 较易 | 黄色 |
| 四级 | 高火险 | 高 | 易 | 易 | 橙色 |
| 五级 | 极高火险 | 极高 | 极易 | 极易 | 红色 |

## 问题 27. 什么是森林、草原防火期、高火险期？

森林、草原火灾季节亦称森林、草原防火期，是指某一个地区在一年中森林、草原火灾出现的季节或时期。在防火期内，一般中期发生的森林火灾次数多，燃烧面积大；初期和末期发生的森林火灾次数少，燃烧面积小。

根据高温、干燥、大风的高火险天气出现的规律而划定的高火险期，称为森林、草原高火险期。这一时期，是扑救森林、草原火灾易发生伤亡季节或时段，其主要特征是降水量少、空气湿度低、干燥、风大。

另外，由于各地区气候、植被的差异，森林、草原防火期不尽相同，各地方政府根据本辖区森林、草原火灾的风险等级，自行设定本辖区的森林、草原防火期及森林、草原高火险期。

📖 **小知识**

《森林防火条例》（2008 年修订）第二十八条规定，森林防火期内，预报有高温、干旱、大风等高火险天气的，县级以上地方人民政府应当划定森林高火险区，规定森林高火险期。

### 问题 28. 我国不同地区的森林防火期有何不同？

不同地区气候条件有所不同，这种差异也使各地区的森林防火期各不相同。在低纬度的热带地区，常年湿润多雨，一般不易发生森林火灾，如海南、广东部分地区等。随着纬度增加，在亚热带和暖温带气候地区，森林为常绿阔叶林或落叶阔叶林，有明显的干、湿季之分，湿季（夏秋两季）降雨量集中，不易发生火灾；干季（冬春两季）连续干燥，是火灾常发的季节。而中温带气候，夏季多雨湿润，冬季积雪较厚，不易发生火灾，因此防火期为较干燥少雨的春秋两季。

我国绝大多数省（区）的森林防火期都在半年以上。南方省区的森林防火期：11 月—翌年 4 月；华北地区的森林防火期：11 月 1 日—翌年 5 月 31 日；东北、内蒙古地区的森林防火期：春季（3—6 月）、秋季（9—11 月）；新疆地区的森林防火期：夏季（5—10 月）。

### 问题 29. 我国不同地区的草原防火期有何不同？

草原防火期与森林防火期的时段大致相同，存在重合部分，但由于植被种类不同，分布地域的气候条件不同，略有差别。例如，内蒙古自治区每年3月15日—6月15日、9月15日—11月15日为草原防火期。新疆维吾尔自治区北疆地区每年3—5月、8—11月为草原防火期，9—10月为草原高火险期；南疆地区每年2—4月、8—11月为草原防火期，9—10月为草原高火险期。

专题二：
森林、草原防灭火组织机构及相关设施

### 问题 30. 林牧区森林、草原防火基础设施有哪些？

（1）瞭望塔

建立瞭望塔是为了扩大林火观察的范围和准确确定林火位置，利用瞭望塔监测森林火情是林区常用的方法之一。瞭望塔要建立在林区地势较高、通视条件较好的山顶上，高度必须高出塔身周围最高树冠2米以上，保证瞭望观察半径在15～25千米。

（2）无线电通信基站

为保障森林、草原防灭火的通信联络畅通，提高组织指挥能力，林牧区组建了无线电通信网络，有效提高了电台、对讲机通信质量，延长了通信距离，无线电通信天线应选择在林区地形开阔、地势较高的山顶上架设，并需由有关专业部门的工作人员组织实施。

（3）远程视频监控系统

远程视频监控系统就是利用高倍摄像工具与计算机相连接，将野外远距离的森林、草原火情图像传输到指挥控制中心，供指挥员决策。远程视频监控点与瞭望塔一样，要建立在林区地势较高、通视条件较好的山顶上，其技术含量高，建造时需由专业部门的专门人员组织实施。

（4）森林、草原消防水池

森林、草原消防水池是为了提高森林、草原防火地域扑救火灾能力而建造的，其目的是利用水源，有效扑灭森林火灾，尽可能减少该地区森林、草原火灾造成的损失。森林、草原消防水池一般建立在林牧区重要部位便于蓄水的地方，平时蓄满水，一旦发生森林、草原火灾时就可就地取水灭火。

专题三：
森林、草原
火灾的预防
措施

森林、草原火灾预防措施是为避免或减轻森林、草原火灾损失而采用的防御性措施，是避免或减少森林、草原火灾的重要措施，分为行政管理措施和专业技术措施两个方面。行政管理措施，即是加强组织领导，落实各级护林防火规章制度，设置护林防火检查站。专业技术措施，主要是设置地面瞭望台，适时按自然变化发出火险预报；开设防火线，配备防火、灭火器材设施，加强护林巡逻。在有条件的地区，应用飞机实施航空护林。

### 问题 31. 森林、草原火灾的预防措施有哪些？

森林、草原火灾预防必须根据各地的自然环境特点和社会经济条件，充分发动群众，不断提高和强化干部群众森林、草原防火意识，加强防火设施建设，采用行政、经济、法律等综合措施，努力增强森林、草原火灾的预防能力。

预防措施主要有：①建立健全森林、草原消防组织；②开展宣传教育工作；③改变生产方式；④提倡文明祭祖；⑤营造生物防火林带；⑥加强消防基础设施建设及其保护工作。

（1）建立健全森林、草原消防组织

乡（镇）、村是预防森林草原火灾的第一阵地，林牧区广大干部群众是预防森林、草原火灾的主力军。要做好森林、草原火灾的预防工作，减少森林、草原火灾的发生，一定要在乡（镇）、村建立健全三支队伍，即管火队、督查队、扑火队。

管火队主要由护林员组成，乡（镇）、村两级在重要地段和重要时节可临时增加人员。其主要任务是巡山管火，劝阻和制止野外违规用火，发现森林、草原火灾隐患及时排除，发现火情及时报告和处置。

督查队主要由乡（镇）、村干部和专职督查员组成。其主要任务是检查管火队员是否巡山到位，乡（镇）、村扑火准备是否到位，监督乡（镇）、村落实各项森林、草原消防措施。

扑火队主要由年轻力壮的男性群众组成，有森林、草原消防任务的乡（镇）、村均应建立。扑火队需装备必要的扑火工具，进行扑火基本技能和安全避险知识的培训与演练，一旦发生森林、草原火灾就近迅速投入扑火，实现"打早、打小、打了"的目标。

（2）开展宣传教育工作

宣传教育的目的是不断强化林牧区群众的森林、草原消防意识和法治观念，提高人们对森林、草原消防工作重要性的认识和增强责任感，积极营造全民防火的良好氛围，使森林、草原消防工作变成全民自觉行动（见图2-1）。

图2-1 开展森林、草原防火宣传

对林牧区文化程度不高的群众，特别是不识字的老人、儿童、智障人员，要根据其接受能力，在宣传内容和方式上加以改进。同时，要加强对智障人员、老人的监护人、子女、亲属的宣传教育，提升宣传的效果。

（3）改变生产方式

林牧区传统的生产性用火主要包括烧田埂草、烧草木灰、炼山造林、烧荒垦地等，这些方法有一定的普遍性，为此要抓好两个方面的工作。

一是抓好宣传教育工作。向广大群众讲清楚科学组织生产、防范火灾的道理。

二是做好引导工作。一些边远山区交通不便，经济条件差，难以采用现代的生产方法从事农事生产或经济上承受不了，可以村为单位统一组织，在低火险期，有计划、有保护措施地用火。这样既不影响林牧区的农事生产，又可避免因无组织生产性用火引发森林、草原火灾。

（4）提倡文明祭祖

慎终追远，不忘先人，是中华民族的优良传统。每到清明时节，由于人们外出扫墓时间集中，往往造成交通拥堵，而且采用烧纸钱放鞭炮等传统祭祀方式，导致纸钱乱飞，灰烬遍地，甚至引发火灾，致使清明时节"火纷纷"的现象非常突出。清明时节恰恰处于森林、草原防火期的中、后期，防火形势非常严峻。据统计，因上坟烧纸、燃放鞭炮等非生产性用火占人为引发森林、草原火灾的49%。因此，移风易俗，改变祭祖方式，提倡文明祭祖、不带火种祭祖是做好森林、草原防火的重要环节之一。

首先要做好宣传教育工作。其次要改变祭祖方式和内容，变烧香、烧纸、燃放鞭炮的陋习为献花、植树、种草的文明祭祖方式，改善坟区生态环境，使祖宗先人的安息地青山常驻、绿水常流。

### 小知识

随着全球变暖，健康环保的低碳生活理念越来越为人们所重视，过一个低碳、零碳的清明成为现代人的希望。"零碳祭祀"不仅是一个时尚的话题，更是一种道德的选择，一种负责任的生活态度。

根据北京市民政局测算，2017 年清明节期间北京市扫墓人数达 300 万人。如果全部为自驾车，按人均 40 公里、3 人 / 车，车为中油耗的小型车（油耗介于每百公里 8 ~ 12 升），预计排放 9 812 吨二氧化碳。如果全部乘坐公交车，按人均 40 公里，预计排放 1 560 吨二氧化碳。可见，如果自驾车将增加排放 8 252 吨二氧化碳，需要栽植 22 546 株树木才能吸收掉 300 万人自驾车去扫墓所增加的二氧化碳排放量。

此外，按照平均每人烧纸 100 克计算，300 万人预计烧纸 300 吨，按照消耗 1 吨纸排放 3.5 吨二氧化碳计算，预计排放 1 050 吨二氧化碳，而吸收这些二氧化碳需要栽植 2 868 株树木。

### （5）营造生物防火林带

营造生物防火林带是森林防火措施中的一项重要的绿色生物防火工程，有着重要的现实意义。林牧区有计划地通过营林措施，利用森林植物（乔、灌、草等植物）之间的抗火性与耐火性的差异，以含水量高的树种营造不易燃烧的阔叶林和经济林带；阻隔林火的蔓延，防止易燃森林植物的燃烧，减少火灾的损失，提高森林综合防火效益，达到保护森林资源和人民生命财产安全的目的。同时，其具有一定的经济效益和生态效益，是现代林火控制手段的重要发展方向。

生物防火林带具有以下 3 个特点：

1）防火效能高。在生物防火林带旁创建阻隔带，或将一些比较集中的植物分散成多个部分，可及时隔绝火源；即便出现大火，也能够将其合理控制，防止火源继续扩散蔓延。以福建省为例，该地区有防火林带 11 万公里，林地密度达到每公顷 15 米，2016 年以来，该地区平均发生森林火灾的频率为 0.73 次，大火所造成的损失也逐年降低。

2）经济效益好。在生物防火林带中，木荷为比较常见的树种，该类树种易栽种，成长速度快，且材质较佳，能够制造家具等。按当前市场价格推算，使用木荷开展防火工作，当投资 1 元时，直至其成长完全可供采伐，可创造的经济效益为 18.58 元。若创造果树型的防火林带，可带动区域经济发展，带来非常可观的经济收益。

3）生态和社会效益显著。营造阔叶防火树种与经济果木林带，变传统的单一林为混交林，可以强化树种结构体系，防止病虫害，对植物生长有着积极影响。此外，在山脊上种植防火林带，可以合理利用土地，扩大森林范围，降低强降雨等对防火线的危害，防止水土流失，提升土地资源的利用率。很多地区在交界与山林权属界线的位置营造生物防火林带，不仅能够解决森林的归属权问题，而且也能降低火灾的发生频率，为人民生活提供保障，提高社会效益。

📖 **小知识**

我国南方大部分地区常年雨水充沛，有利于营造生物防火林带。木荷是初期营造生物防火林带的当家树种，随着时代的发展，树种选择从单一的木荷逐渐与其他树种相结合。营造生物防火林带与林业综合开发、果业种植相结合，做到宜林则林、宜果则果、宜药则药，在山脚、路边、田边等地段营造耐火、经济价值高的树种如青梅、杨梅、板栗、火力楠等栽植或合理混栽。在交通便利的地方如公路沿线、山脚边等建设经济价值高的林果带，建成以防火效能为主又兼顾经济效益的经济林带、用材林带，变单纯性的防火投入为开发性的林业投入。树种结构上，用木荷树种建设核心带，在核心带旁，营造以火力楠、杨梅、女贞、樟树、红花油茶等经济树种为主的辅助带。

**（6）加强消防基础设施建设及保护工作**

消防基础设施建设是提高森林、草原消防能力的物质条件，林牧区森林、草原消防基础设施主要包括防火公路、桥梁、涵洞、水渠、方向指示牌、直升机停机坪、防火监控系统、瞭望塔、无线通信基站等。保护森林、草原消防设施人人有责。破坏森林、草原消防设施要受到处罚和承担赔偿责任，严重者要依法追究刑事责任。

## 问题 32. 如何控制生产性用火？

森林、草原防火期应严格控制生产性用火，凡因生产需用火的单位或个人，必须按规定权限经过当地政府或森林防火办事机构的批准，严格遵守"六不烧"规定，即未经批准不烧，未开设防火隔离带不烧，未组织好足够的人力看守火场不烧，未准备好打火工具不烧，没有用火负责人和安全监督员在场不烧，火险等级三级以上天气不烧。引发森林和草原火灾是要承担相应法律责任的，所以一定要注意生产性用火安全。

## 问题 33. 什么是计划烧除？其作用有哪些？

计划烧除是合理利用林火对森林资源及生态系统进行有效管理的一种手段，是在人为控制下，在指定的时间、地域，为达到预期的森林、草原经营、保护目的而采取的有计划的科学用火行为，如图 2-2 所示。

图 2-2 计划烧除

计划烧除的目的是清除可燃物，降低燃烧性，阻隔或减缓火的蔓延，除防火作用外，计划烧除还有益于准备造林地、促进森林更新，改善林内卫生状况，控制病、虫、鼠害及改良牧场等。

通常情况下，适当的火烧周期和强度，有利于植被的恢复，对生态系统的发展有一定的促进作用。但如果火强度过高，计划烧除频繁会对森林生态系统的稳定造成较大的影响。

### 📖 小知识

关于计划烧除的定义，不同的部门、机构均有不同的描述。

联合国粮农组织（FAO）的定义为：在特定环境条件下，对室外处于自然状况或经过人工处理过的可燃物有控制地用火，将火限制在预先设定的区域，同时让火产生足够的强度和蔓延速度以达到预定的资源管理目的。

美国林学会的定义为：一定条件下，通过人为控制火的强度，在规定的范围内烧除天然可燃物，并实现防火、育林、野生动物管理、放牧和减少病虫害等目标，并获得相应的预期效果。

国家林业局 2010 年 2 月发布的《东北、内蒙古林区营林用火技术规程》将营林用火定义为：在经营和保护森林中，通过控制火强度，在林区规定的范围内，烧除林地可燃物，达到预防森林火灾、控制森林病虫鼠害、促进森林更新、复壮山特产资源、改善野生动物饲料等多种目的的用火。

## 问题34. 林主、林缘田主可自行烧除林内、林缘可燃物吗?

不可以。林主、林缘田主在没有组织、计划、防范和技术指导的情况下自行烧除林内、林缘可燃物,有一定的危险性和不可控制性,容易"跑火",造成森林、草原火灾。

林主、林缘田主如要烧除林内可燃物,可经由村委会提出申请,由乡森林草原防灭火部门审批。在有安全保证的条件下,统一计划烧除。

## 问题35. 发现森林、草原火灾,我们第一时间该做什么?

不管是单位还是个人,一旦发现森林、草原火灾,必须第一时间向当地人民政府或森林、草原防灭火部门报告火情,拨打森林火情报警电话"12119",报告起火地点、时间等情况,不要擅自采取行动。当发现可能被山火包围时,应果断转移到森林、草原林中无植被的空旷地带、岩石裸露地带或水沟附近避险。

### 📖 小知识

拨打森林火情报警电话"12119"时的注意事项:①报告火情发生地所在市、乡、村及具体地名、山名;②讲清火势大小或危害程度;③留下报警人的姓名、身份、联系方式等信息。

专题四：
森林、草原
防火期的注意
事项

森林、草原防火期是指一年中最易发生森林、草原火灾的时期，此时，植被处于休眠期，枯萎凋落，气候干燥，大风天气频繁，火险等级居高不下。如果火源管控不严，极易发生森林、草原火灾。

### 问题 36. 在森林防火期，预防森林火灾有哪些规定？

《森林防火条例》（2008 年修订）第二十五条 ~ 第三十条对森林防火期森林火灾的预防进行了明确的规定。

《森林防火条例》第二十五条规定：森林防火期内，禁止在森林防火区野外用火。因防治病虫鼠害、冻害等特殊情况确需野外用火的，应当经县级人民政府批准，并按照要求采取防火措施，严防失火；需要进入森林防火区进行实弹演习、爆破等活动的，应当经省、自治区、直辖市人民政府林业主管部门批准，并采取必要的防火措施；中国人民解放军和中国人民武装警察部队因处置突发事件和执行其他紧急任务需要进入森林防火区的，应当经其上级主管部门批准，并采取必要的防火措施。

《森林防火条例》第二十六条规定：森林防火期内，森林、林木、林地的经营单位应当设置森林防火警示宣传标志，并对进入其经营范围的人员进行森林防火安全宣传。

森林防火期内，进入森林防火区的各种机动车辆应当按照规定安装防火装置，配备灭火器材。

《森林防火条例》第二十七条规定：森林防火期内，经省、自治区、直辖市人民政府批准，林业主管部门、国务院确定的重点国有林区的管理机构可以设立临时性的森林防火检查站，对进入森林防火区的车辆和人员进行森林防火检查。

《森林防火条例》第二十八条规定：森林防火期内，预报有高温、干旱、大风等高火险天气的，县级以上地方人民政府应当划定森林高火险区，规定森林高火险期。必要时，县级以上地方人民政府可以根据需要发布命令，严禁一切野外用火；对可能引起森林火灾的居民生活用火应当严格管理。

《森林防火条例》第二十九条规定：森林高火险期内，进入森林高火险区的，应当经县级以上地方人民政府批准，严格按照批准的时间、地点、范围活动，并接受县级以上地方人民政府林业主管部门的监督管理。

《森林防火条例》第三十条规定：县级以上人民政府林业主管部门和气象主管机构应当根据森林防火需要，建设森林火险监测和预报台站，建立联合会商机制，及时制作发布森林火险预警预报信息。

气象主管机构应当无偿提供森林火险天气预报服务。广播、电视、报纸、互联网等媒体应当及时播发或者刊登森林火险天气预报。

## 问题 37. 在草原防火期内用火应当遵守哪些规定？

《草原防火条例》（2008 年修订）第十八条、第十九条对草原防火期草原火灾的预防进行了明确的规定。

《草原防火条例》第十八条规定：在草原防火期内，因生产活动需要在草原上野外用火的，应当经县级人民政府草原防火主管部门批准。用火单位或者个人应当采取防火措施，防止失火。

在草原防火期内，因生活需要在草原上用火的，应当选择安全地点，采取防火措施，用火后彻底熄灭余火。

除本条第一款、第二款规定的情形外，在草原防火期内，禁止在草原上野外用火。

《草原防火条例》第十九条规定：在草原防火期内，禁止在草原上使用枪械狩猎。

在草原防火期内，在草原上进行爆破、勘察和施工等活动的，应当经县级以上地方人民政府草原防火主管部门批准，并采取防火措施，防止失火。

在草原防火期内，部队在草原上进行实弹演习、处置突发性事件和执行其他任务，应当采取必要的防火措施。

### 问题 38. 在草原防火期内机动车辆应遵守哪些规定？

《草原防火条例》（2008 年修订）第二十条～第二十二条对草原防火期内在草原上作业或者行驶的机动车辆进行了明确的规定。

《草原防火条例》第二十条规定：在草原防火期内，在草原上作业或者行驶的机动车辆，应当安装防火装置，严防漏火、喷火和闸瓦脱落引起火灾。在草原上行驶的公共交通工具上的司机和乘务人员，应当对旅客进行草原防火宣传。司机、乘务人员和旅客不得丢弃火种。

在草原防火期内，对草原上从事野外作业的机械设备，应当采取防火措施；作业人员应当遵守防火安全操作规程，防止失火。

《草原防火条例》第二十一条规定：在草原防火期内，经本级人民政府批准，草原防火主管部门应当对进入草原、存在火灾隐患的车辆以及可能引发草原火灾的野外作业活动进行草原防火安全检查。发现存在火灾隐患的，应当告知有关责任人员采取措施消除火灾隐患；拒不采取措施消除火灾隐患的，禁止进入草原或者在草原上从事野外作业活动。

《草原防火条例》第二十二条规定：在草原防火期内，出现高温、干旱、大风等高火险天气时，县级以上地方人民政府应当将极高草原火险区、高草原火险区以及一旦发生草原火灾可能造成人身重大伤亡或者财产重大损失的区域划为草原防火管制区，规定管制期限，及时向社会公布，并报上一级人民政府备案。

在草原防火管制区内，禁止一切野外用火。对可能引起草原火灾的非野外用火，县级以上地方人民政府或者草原防火主管部门应当按照管制要求，严格管理。

进入草原防火管制区的车辆，应当取得县级以上地方人民政府草原防火主管部门颁发的草原防火通行证，并服从防火管制。

## 问题 39. 在草原防火期，对牧区单位有哪些要求？

《草原防火条例》（2008 年修订）第二十三条对草原防火期，牧区单位的防火工作进行了明确的规定：草原上的农（牧）场、工矿企业和其他生产经营单位，以及驻军单位、自然保护区管理单位和农村集体经济组织等，应当在县级以上地方人民政府的领导和草原防火主管部门的指导下，落实草原防火责任制，加强火源管理，消除火灾隐患，做好本单位的草原防火工作。

铁路、公路、电力和电信线路以及石油天然气管道等的经营单位，应当在其草原防火责任区内，落实防火措施，防止发生草原火灾。

承包经营草原的个人对其承包经营的草原，应当加强火源管理，消除火灾隐患，履行草原防火义务。

## 问题 40. 什么是林牧区野外用火"十不准"？

森林、草原防火期内，在林牧区禁止野外用火；因特殊情况需要用火的，必须严格申请批准手续，并领取"野外用火许可证"。

野外用火"十不准"：

1）不准烧田基草；

2）不准烧灰积肥；

3）不准烧山赶野兽，烧黄蜂、蛇、鼠等；

4）不准烧火取暖、烧烤食物；

5）不准夜间持火把照明走路；

6）不准燃放爆竹、烟花，放孔明灯；

7）不准使用火铳枪械狩猎；

8）不准乱丢烟头火种；

9）不准神坛祖庙上坟时烧香烛、纸钱；

10）不准其他非生产性用火。

# 第3篇　灭火篇

【引导语】进入 10 月份以来，东北林区大风干旱，森林、草原火情不断，森林、草原防火进入紧要期；村里的大喇叭不时播放最新的天气情况，火情发展态势，森林、草原防火注意事项。王老汉坐在炕头上仔细地整理着刚从村委会领来的扑火服、单兵给养、手电筒等物资，儿子蹲在地上认真地检修着风力灭火机具。想到村中还有部分村民不会使用基本的常规灭火机具，不掌握常用的灭火战术，无法科学地开展森林、草原火灾扑救，王老汉心中难免有些担忧。本篇首先介绍了森林、草原火灾扑救的四个阶段的安全注意事项，重点讲授了扑打火线阶段的九种常用灭火战术，而后介绍了一些常规灭火机具操作注意事项，使林牧区居民全面了解森林、草原火灾扑救的各种安全注意事项，确保扑火行动的安全。

专题一：森林、草原火灾扑救各阶段的安全注意事项

扑救森林、草原火灾的终极目标是"任务完成好，人员无伤亡"；即在确保自身安全的前提下，最大限度地完成保护国家森林、草原资源的灭火作战任务。

扑救森林、草原火灾的基本原则是"打早、打小、打了"。"打早"是指及时扑火；"打小"是指扑打初发火；"打了"是指扑火的最终结果，既要扑打明火，又要清理暗火，消灭一切余火。三者相互联系、相互影响。"打早"是实现积极消灭森林、草原火灾的前提和核心。要实现"打早"，首先要做到"三早两快"。"三早"即早准备、早发现、早出动，"两快"即集结开进快、扑火行动快。

### 问题 41. 森林、草原火灾扑救分为几个阶段？

森林、草原燃烧的每个阶段都有不同的特点，因此森林、草原灭火要遵循其燃烧的规律，按照"先控制，后消灭，再巩固"的原则，分阶段开展灭火行动。

森林、草原火灾扑救分为接近火场、扑打火线、清理火场、看守火场四个阶段。其中接近火场阶段是灭火行动中最危险的环节之一，易造成扑火人员伤亡。因为在接近火场的过程中，火势发展时刻变化、局部气象因素多变，易形成许多不确定的危险情况。

接近火场阶段：最紧要的是选择火势较弱的地段，迅速接近火场，减小火灾损失。

扑打火线阶段：是灭火的关键阶段。到达火场后，沿火尾或火翼开始扑打火线，防止林火蔓延。若火强度大，不适于人工直接扑打，可开设防火线、隔离带或利用道路、河流等自然条件。

清理火场阶段：在控制火场后，扑火人员要迅速有效地扑灭余火，巡逻、守护、清理，直至完全扑灭。

看守火场阶段：看守火场，防止死灰复燃。一般的荒山和幼林地起火要监守12小时，中龄林、成龄林地起火至少要监守24小时。当火场达到"三无"，即"无火、无烟、无气"，经有关部门检查验收后，方可撤离。

## 问题42. 接近火场应遵循的原则是什么？

灭火队伍到达火场附近后，第一个灭火阶段就是接近火场。接近火场，是指灭火队伍机动至火场附近后，以徒步方式向火场开进的过程。这一过程有长有短，接近火场距离越长对灭火人员的威胁就越大，是扑救森林、草原火灾诸多环节中最危险的一环。因此，应遵循以下原则：

（1）不可逆风接近火场

通常森林、草原发生燃烧时，火头会沿顺风向前蔓延，逆风接近火场就意味着扑火队伍将正面接近火头，而火头是整个火场中火墙最厚、火势蔓延速度最快、火强度最高、破坏性最大、扑救最困难、扑火最危险的部位。在大风的作用下，火焰会向顺风方向偏转，降低火焰的相对高度，使扑火队伍看不到火焰，同时，大风还携带大量烟尘，造成能见度降低，使扑火队伍很难准确判断火场情况。因此，在接近火场时，不可逆风接近火场。

（2）不可由山上向山下接近火场

受坡度的影响，林火向山上燃烧时，坡度越陡其蔓延速度越快。当大火向山上燃烧时，无论是火的蔓延速度还是火强度，都会有明显的增加。因此，在接近火场时，不可由山上向山下接近火场。

（3）避开大载量细小可燃物区域和可燃物垂直分布地带

可燃物载量的多少及分布状况，直接影响火强度的高低和燃烧状态。因此，扑火队伍在接近火场时，应避开大载量细小可燃物区域和可燃物垂直分布地带。

（4）避开 10—16 时危险时段

通常 10—16 时是每日气温高、风速大、相对湿度小的时段，特别是细小可燃物含水率低，火强度大，林火蔓延速度快，易发生伤亡。因此，在大风天气条件下应尽量避开这一危险时段。

## 问题 43. 突破火线应遵循的原则是什么？

突破火线是灭火行动的关键环节，关系到整个灭火行动能否顺利开展。通常扑火队伍应根据任务要求、火情、气象、可燃物、地形等情况，正确选择突破口；而后，根据突破口火势强度，灵活采取多种灭火手段打开突破口。突破火线应遵循以下原则：

1）选顺不选逆。就风向而言，应选择顺风或侧风打开缺口，不可逆风实施。

2）选下不选上。就地形而言，扑火队伍应在火线的下方选择有利位置打开缺口，不可在火线上方实施。

3）选疏不选密。就森林的郁闭度而言，应选择疏林地打开缺口，不可在密林地实施。

4）选小不选大。就可燃物载量而言，应选择可燃物载量小的区域打开缺口，不可在大载量可燃物地域实施。

## 问题 44. 常用的直接灭火方法有哪些?

直接灭火是指扑火人员直接面对火线开展的灭火行动。根据使用介质的不同，直接灭火可分为扑打法、土灭火法、风力灭火法、水灭火法。

（1）扑打法

通过扑打火线燃烧着的植被，能稀释火线前方可燃气体浓度；同时，也有一定的降温、隔离和窒息作用。扑打法适用于扑灭初发火，以及处于三级风以下气象条件的林火。

扑打火线时，须轻拉重压，避免带起火星，扑打方向不要上下垂直，应从火的外侧向内斜打，边抽边扫，扫拖结合。可组织 3 ~ 5 人为一组，对准火焰同时打落，同时抬起，统一行动。另外，扑打火线体力消耗大，加之火场烟熏火燎，应适时组织灭火队员轮流作业，以避免体力透支和一氧化碳中毒等情况的发生。

（2）土灭火法

使用铁锹、铁镐等手动工具铲土，覆盖在燃烧着的植被表面，可隔绝空气，起到窒息灭火目的。此法适用于地面枯枝落叶较厚，林地土壤疏松，杂草灌木较多的地带。

（3）风力灭火法

利用风力灭火机产生的高速气流，吹击火焰，把燃烧产生的热量带走，使温度降到燃点以下而使火熄灭。操作时，风力灭火机与火焰夹角为 60 度，强风切割火焰底部，吹散可燃物，降低温度。

（4）水灭火法

当火场附近有可利用的水源时，应当采用以水灭火方法；用桶式水枪、高压细水雾灭火器、消防水泵、履带式消防车射水灭火，提高灭火效率。另外，若在水中加入化学灭火剂可进一步提高灭火效率。

## 问题 45. 常用的间接灭火方法有哪些？

间接灭火是指受火情、地形、植被等条件限制，灭火人员无法抵近火线直接灭火，转而利用有利地形、天气、植被等条件，在火线蔓延方向前适当位置，采用适当手段破坏森林燃烧条件，以达到灭火目的的灭火方法。间接灭火主要适用于扑救高强度地表火、树冠火及地下火。间接灭火一般有隔离带法、火攻法、飞机灭火法。

（1）隔离带法

隔离带法主要用于扑救高强度地表火、地下火。隔离带的宽度要根据火场的树高和坡度的大小及风向、风速来确定，隔离带宽度一般不应少于 10 米；当大风天气，林区已形成急进地表火和猛烈的树冠火时，生土带的宽度一般需在 50 米以上。开设隔离带时应注意以下四点：

1）不在上山火的上坡部位和山脊线上开设隔离带，应在山的背坡面半山腰或山脚下地势平坦的地域开设隔离带，否则极易造成人员伤亡。

2）在开设隔离带时，要确定或开设安全避险区域，并明确撤离路线；要将清除的障碍物放到隔离带迎火面的后方一侧。

3）在可燃物载量大的地段开设隔离带时，清除可燃物后，隔离带深度要挖到露出湿土层或砂石层以下 20 厘米，并把挖出的土覆盖在靠近隔离带外侧的可燃物上。

4）开设隔离带后，要沿隔离带内侧边缘点放迎面火，不应等到林火烧到隔离带，否则易造成跑火和人员伤亡。

> **📖 小知识**
>
> 　　隔离带位置的选择应遵循以下原则：①尽可能利用沟渠、小溪、道路等自然阻隔条件开设隔离带；②在平缓地带开设隔离带的走向要尽可能与风向垂直；③在山坡地带开设隔离带的走向要环山开设；④隔离带与林火的距离要根据林火蔓延的速度和完成开设隔离带的时间来确定，距离远了会增大林木的损失，距离近了来不及开设，达不到阻火的目的。

#### （2）火攻法

　　当林火已形成高温的急进地表火、强烈的树冠火，用人力难以扑灭，开设隔离带困难，或根本来不及开设隔离带，或开设的隔离带宽度不足以阻止林火蔓延时，可采用以火灭火法。

　　火攻法是一种非常有效的间接灭火方法。其优点是灭火效率高，不需要特殊设备。火攻法主要是以火灭火，在燃烧的火线前方有利地段，灭火队员主动点放迎面火，迅速形成火烧迹地，阻隔林火蔓延。

> **📖 小知识**
>
> 　　火攻法技术性很强，而且带有很大的危险性，还要以损失一部分林木为代价，因此，使用时应十分慎重。①必须在扑火现场指挥部的统一部署下进行；②必须严格按计划点烧，不得半途中断；③必须组织好点烧人员和清理控制人员的分工，严密配合，严防跑火或被火包烧。

（3）飞机灭火法

1）直升机吊桶灭火法。

直升机吊桶灭火法就是用直升机吊桶载水，直接喷洒在火头、火线或喷洒在林火蔓延的前方可燃物上，起到阻火、灭火的作用，如图 3-1 所示。

图 3-1　直升机吊桶灭火法

直升机吊桶作业时，水源水深 1 米以上，水面宽度在 2 米以上的河流、湖泊、池塘都可以作为吊桶作业的水源。如果火场周围没有上述的水源条件时，也可以在小溪、沼泽等地挖深 1 米以上、宽 2 米以上的水坑作为吊桶作业的水源。

2）固定翼飞机灭火法。

固定翼飞机灭火法是指使用固定翼飞机机腹载水或化学药剂来扑灭或阻滞森林、草原火灾的一种方法。目前世界各国对化学灭火法都比较重视，并趋向于研制高效率的长效灭火剂，其效率比用水灭火高 5 ~ 10 倍，适用于人烟稀少、交通不便、水源缺乏的偏远林牧区，效果非常好。

## 问题 46. 清理火场有哪些注意事项?

清理火场主要是指清理火场的残火、暗火、站杆、倒木等,采用风吹、水浇、土埋、搬移、挖沟等手段,使火场边缘残留的余火彻底熄灭或将余火火源与可燃物隔离,防止复燃。清理火场是灭火行动的重要组成部分,是完成灭火任务的重要手段。清理火场应注意以下 4 点:

(1)边打边清

在扑火中,将扑火队员分成若干组,一部分人员直接扑打正在燃烧的火线,一部分人员跟进清理明火扑灭后的火烧迹地,一边扑打一边清理,严防死灰复燃和残火扩大。

(2)难清地段用水清

对于一时难以清理彻底的地方,如冒烟的树根、草根、腐殖质层,要组织力量就近取水点喷,彻底将暗火熄灭。

(3)站杆、倒木往里清

在火线边界附近的站杆、倒木是复燃火的主要引发物,一定要把它们放倒,抬到火烧迹地内侧距火线边界 30 米以上的地方。

(4)分段负责反复清

火场明火完全扑灭后要对火场进行普遍清理,把清理火场的队伍组织起来,按小组编队,沿着火线边界分段划界,明确责任,彻底清理多次,确保无复燃隐患后,才能将清理火场的队伍撤离。

## 问题 47. 看守火场有哪些注意事项?

看守火场是指火场经彻底清理,火线完全熄灭后,为巩固战果,防止复燃而采取的行动。因此,一定要严密组织看守火场工作。看守火场关键是"看"，就是在看守火场的过程中，看守人员携带清火工具，沿已燃烧过的火线边沿巡护检查，发现隐患及时清除。看守火场的时间应视具体情况而定，一般至少要在清理火场队伍撤出 4 小时，经最后检查验收后，才能将看守火场人员撤出。在天干、物燥等条件不利的情况下，看守的时间应适当延长。

看守火场通常采取以下 3 种方法：

1）分段看守：将看守区域按班（组）分段，把各段的看守任务落实到各小组，各小组成一字队形部署在看守区域进行看守。

2）巡查看守：巡查看守是班（组）对容易发生复燃的区域，定时进行巡逻查看，发现隐患及时处置。

3）定点瞭望看守：班（组）派出两名或两名以上观察员，配置在可通视火场的制高点，对本班（组）负责看守的区域实施观察，发现情况及时报告；其他人员集中在适当位置待命，遇有隐患集中处置。

专题二：
森林、草原
火灾扑救方法

森林、草原火灾扑救战略。①先控后灭：先控制火头、新生火头、火险地段和进度地带的火，然后消灭火翼、火尾和非进度地段的火。②集中优势兵力：在火头和火险地段，可集中力量将火势加以围歼，控制蔓延然后一举扑灭。③抓住有利时机速战速决（如风力减弱，火势较低时）。在灭火作战中，扑火人员依据森林、草原火灾扑救战略思想，结合不同的火情，因地制宜地采取不同的扑救方法。

## 问题 48. 扑救森林、草原火灾的基本原则是什么？

（1）预有准备，快速反应

1）平时要做好森林、草原火灾扑救的思想准备、组织准备、物资准备、训练准备，制定火灾扑救预案，搞好扑火战备工作。

2）临战时要有针对性地做好相关准备工作，实现以快制快。这样才能遇有紧急情况快速反应，拉得出、冲得上、打得赢。

（2）集中力量，重点用兵

1）在扑火力量部署上，要突出重点地域和重要时节，把火头、外线火和明火作为控制重点，把烧向价值较高林地和居住地的火线作为控制重点，并在重要部位形成优势兵力，确保一举达到扑火目的。

2）根据火场发展态势，集中扑火力量在扑火关键行动上形成重拳出击，力求一次歼灭，避免由于扑火力量投入不足而失去有利灭火战机。

3）处理好火场局部与全局的关系，保证火场重点的同时，也要兼顾火场全局。

（3）因情就势，活用战法

1）根据火场实际，主动捕捉战机，灵活使用扑火兵力，采取有针对性的灭火方法，减少火灾损失。

2）火场情况发生变化时，应审时度势，做到火变我变，及时调整或改变灭火方法。

（4）**速战速决，保证合围**

1）扑火队伍必须做到集结快、出动快、扑救快、清理快、转场快，利用有利时机，迅速彻底地扑灭火灾。

2）在控制火线行动中，各扑火队伍绝对不能中途停止前进或自行撤出火场，必须战斗至与友邻队伍会合，确保火线合围。

（5）**整体协调，合力扑火**

1）森林、草原火灾扑救往往是参战队伍多，扑火技术和手段构成复杂，必须优化组合和协调运用好各种灭火力量。

2）灭火队伍之间及其内部要密切协同、积极配合，这样才能充分发挥各自作用和提高整体扑火作战效能。

（6）**注重效益，确保安全**

1）扑火行动要精心组织，正确部署，科学指挥，以提高灭火效益。同时要减少人力、物力和财力的浪费，最大限度地降低火灾所造成的损失，取得良好的经济效益、社会效益和生态效益。

2）扑火行动中，必须把保护人民生命财产安全放在第一位，确保受火灾威胁的城镇、村屯的居民和林区重要设施的安全。

## 问题 49. 上山火应如何扑救?

扑救上山火时要顺势扑打，严禁顶着火势打，先控制两翼火线，顺着火势跟进火头灭火，即让开火头，避开火锋，顺着火势的发展方向，采取先控制、再消灭的方法，消灭侧翼火，随后跟进消灭火头尾部火。在灭火中要与火头保持适当的距离，一定要等火头越过山脊后，或当风向变化火头转向、火势降低、燃烧火线形成下山火势时，组织力量重点突击扑火，才能有效将火扑灭。

📖 **小知识**

上山火的蔓延速度快，火头燃烧猛烈，难控难灭，危险性大。特别是白天气温高、植被干燥，朝阳迎风处的上山火燃烧更为猛烈，极易形成强烈的局部热对流和"火爆"情形。如果此时扑火队员迎火头灭火或从山上向山下接近火线，或在燃烧火头发展前方的山脊线上、鞍部开设隔离带都是十分危险的。

### 问题 50. 下山火应如何扑救？

当火从山上向山下燃烧时，火势会降低，是最佳的灭火时机。此时要集中优势兵力，严防下山火下到沟内发展为沟塘火或越过沟塘重新发展为上山火，要将火消灭在山坡上或堵截消灭在山脚下。如果火场小、火线短，可采取从山下向山上找准火线的薄弱点，采取一点突破、两翼展开、分兵合围、递进超越、分段扑打的灭火方式。如果火场大、火线长、人力少，可采取重点一线集中用兵的灭火方式，组织攻打重点段火线，或利用点上山火的方式以火攻火，分段点烧，围圈火线，将下山火堵截消灭在背山坡的半山腰或山脚下。

📖 **小知识**

下山火的蔓延速度慢，火势较稳，火头较弱，燃烧彻底，易灭难清。因为下山火慢，燃烧时间长，火线上一些较为粗大的可燃物也开始燃烧，地表层可燃物已烧尽，从而会引发地下腐殖质层的燃烧，暗火点多，余火量大，形成局部的地下火出现。因此，下山火明火好灭，暗火难清。这一点需要引起灭火队员的高度重视。

## 问题 51. 树冠火应如何扑救？

扑救树冠火难度大，作业强度大，危险性大，扑救时一定要先断开可燃物垂直和水平连接。选择断开带的位置时，要选稀不选密、选平不选坡，尽量做到能修枝则不伐树，能清除则不挖沟，这既能减少作业强度，又能减少伐木开隔离带对森林的破坏。扑救树冠火有效隔离带的开设宽度一般在中成林内为 20 ~ 30 米，即树高的 1.5 倍，幼灌林内为 5 ~ 10 米。在扑火实践中，扑救树冠火要充分利用开设的阻火带、道路、河流等为依托，实施以火攻火是最安全、最有效的灭火战法，即先断、再烧、后清，最终消灭树冠火。

### 🪦 小知识

树冠火通常是由强烈地表火引起的，多发生在可燃物垂直与水平分布相连的中幼密林和灌木林内。树冠火的火势发展迅猛，燃烧强烈，能量大，燃烧时火借风势，风助火威，常伴有飞火发生。树冠火无法依靠人力直接扑灭，必须采取间接灭火方法来断开扑打，才能将火控制和消灭。在扑救树冠火时，须特别注意以下危险情况：火蔓延方向突然改变；火蔓延速度突然加快；大量飞火落在扑火队员后方。为避免危险情况的发生，通常采取以下预防措施：

1）设立观察哨，时刻侦察周围环境和火势，判断火的蔓延方向，估测火的蔓延速度，时刻观察飞火和火势变化。

2）在林火前方开设隔离带时，应建立安全避险区。

3）点放迎面火的时机，最好选择在夜间。

## 问题 52. 地表火应如何扑救？

森林火灾以地表火最多，南方林区占 70% 以上，东北林区约占 94%，是火灾扑救的重点。扑救地表火主要有以下两种方法：

1）递进超越，边打边清，稳打稳进。这种方法适用于扑救林内卫生条件好的地表火和林外稳进地表火。一般在扑救火焰高度在 1 米以下的地表火时，分两组配合作业，一组扑打明火，二组清理余火，也可以多组配合递进超越，分段消灭地表火。

扑打火线时，应从火头的两翼选择火势较弱地段，采取"一点突破"或"多点突破"，两翼夹击火头，严禁正面迎火头扑打。同时，要紧贴火线进行扑火，当火势较猛，风向倒转，大火回烧或遇大火突袭时，扑火队员可立即从扑灭的火线处撤入火烧迹地内躲避。

2）先清后烧、烧清结合，以火攻火。这种方法适用于扑打林外火焰高度在 1.5 米左右的地表火和林内可燃物较多的燃烧强烈的地表火，灭火效率高，复燃率低，灭火人员也较为安全。灭火方式是将灭火队员分成三个组，一组清理地表可燃物，二组点烧控制，三组清理余火。

> **📖 小知识**
>
> 地表火的行为特点是林内火慢、小而稳，林外火快、大而猛。地表火易打易清，复燃率低。因林内光照少，相对湿度大，气流平稳、风小，林内地表火发展速度较林外慢，而且火势也较为平稳。相反，林外地表火因受风影响大，光照强，相对湿度小，气流不稳，发展速度时快时慢。一般情况下，林外地表火的火头高度为2米左右，两翼火线的火焰高度多在1米左右，而林内地表火的火焰高度大多在1米以下，没有明显火头。

## 问题53. 地下火应如何扑救?

地下火在地下腐殖质层、泥炭层燃烧，温度高、蔓延速度缓慢、破坏力强、持续时间长、扑救困难。地下火发生时间多在春末、夏初和秋季，并以秋季为多。发生地段一般在原始林、成过熟林、石塘林、塔头甸及地物厚度在30厘米以上的区域。地下火隐藏性强，往往只见冒烟，不见明火。地下火在地表层下燃烧时形成炭火区，火在地下窜着燃烧，往往是火区远离冒烟处。

扑救地下火要先侦察好火区位置，然后沿地下火区的边缘挖沟，断开地下火的蔓延带，再扒开地下火区，将火挖出、挑散拍碎或用水直接浇暗火区。扑救地下火绝对不能用土埋压法，必须挖开地表层下的火窝子，挑散拍碎暗炭火，才能彻底消灭地下火。

**📖 小知识**

扑救地下火时，须特别注意以下危险情况：一是地下火因其对树木根系破坏严重，火烧迹地内易发生树倒伤人；二是地下火主要发生在有腐殖质层及泥炭层的原始林区，加之下层可燃物的蔓延速度快于表层可燃物的蔓延速度，易发生扑火人员掉入火坑烧伤事故。为避免危险情况的发生应做以下预防措施：

1）要正确判断下层可燃物的燃烧位置，在外线实施扑救。

2）禁止扑火人员在火烧迹地内行走，防止树倒伤人。

3）在枯立木较多区域扑救地下火时，要设立观察哨，时刻观察火场的情况，防止意外发生。

## 问题 54. 山谷火应如何扑救?

山谷内草本植物和灌木较多，易燃烧，无风时山谷内燃烧快，火头往往在谷里，扑打时应沿山的两侧向前推进，扑火人员切不可冒险进入谷中扑打火头。有风时两侧山坡植被借助风势，燃烧速度加快，山谷内燃烧慢，往往火头在两侧山坡上，谷底火线成为火尾。此时扑火队员可沿谷底火线边沿跟进扑打。

**📖 小知识**

当火烧入狭窄山谷时，会产生大量烟尘并在谷内沉积，林火对峡谷两侧山坡上的植被进行预热，随着时间的推移，热量逐步积累，一旦风向、风速发生变化，在空气对流的作用下，火势突变会形成爆发火。此时，若扑火队员处于谷内是十分危险的。

## 问题 55. 草塘火应如何扑救？

草塘为林火蔓延的快速通道，火在草塘沟燃烧时，受风的影响大，火强度大，蔓延速度快，同时火会向两侧的山坡燃烧形成冲火，容易造成扑火人员伤亡。

扑打草塘火时，要努力将草塘火消灭在上山之前，阻止草塘火烧出沟塘，形成上山火。可在火头前方 100 ~ 800 米处，采取人工清除可燃物开设依托，或凭借自然依托拓宽，沿线点烧以火攻的方法实施灭火。采取此方法一定要快，要在草塘火到来之前完成。同时，要开设好避险区，避险区大小视扑火队员人数而定，最小不应少于 200 平方米。

## 问题 56. 大火场应如何扑救？

当火场面积大、地形开阔时，为加快扑火速度，减少林木损失，可采取分割穿插的扑救方法。即使用一支或多支扑火队，从火场地形平坦的地点实施贯穿火线的穿插，将一个大火场分割成几个小火场，以便多点、多面同时展开林火扑救，提高扑火效率。

专题三：
灭火机具操作
注意事项

开展森林、草原火灾扑救，扑火人员应会熟练操作手中武器——常规森林灭火机具。常规森林灭火机具主要是指质量轻、可单兵携行的灭火机具，主要包括风力灭火机、桶式水枪、单兵灭火水炮、二号工具、森林消防水泵、组合工具、油锯、割灌机等。会操作、会保养、会排除一般故障是每名扑火队员应该掌握的基本技能。

### 问题 57. 扑救森林、草原火灾的便携式灭火机具有哪些？

扑救森林、草原火灾的便携式灭火机具主要包括风力灭火机、往复式水枪、高压细水雾灭火器、灭火水炮、灭火水泵、二号工具、油锯、点火器、灭火组合工具等，这些机具结构简单、便于携带，可有效扑灭低强度地表火（见图 3-2 ~ 图 3-7）。

图 3-2　手持式风力灭火机

图 3-3　往复式水枪

图 3-4 森林消防水泵

图 3-5 二号工具

图 3-6 油锯

图 3-7 点火器

## 问题 58. 风力灭火机操作有哪些注意事项?

风力灭火机是以小型发动机为动力,利用其产生的高速气流冲击火焰,使可燃物周围温度急剧降至燃点以下,并将火焰吹离可燃物,达到阻断燃烧的目的。通常适用于扑打火焰高度 1.5 米以下的中、低强度地表火,多机协同配合灭火效果更佳。目前,森林消防队伍配备的风力灭火机以 STIHL-BR600 型背负式风力灭火机为主(见图 3-8)。

图 3-8　STIHL-BR600 型背负式风力灭火机

（1）操作规程

1）启动。

使操纵杆位于"Ⅰ"的位置，按压燃油泵，使油泵泡内充满燃油，将风门旋钮关闭（热启动时将风门旋钮打开），左手紧握机具，右脚抵住底板，右手缓慢拉动手柄调试启动绳位置，用力快速拉动启动器，直至发动机点火。

2）运转。

启动后将阻风阀打开，扣动手柄使限位轴复位，然后放松扳机，使发动机怠速运转 2 ~ 3 分钟，再提高转速工作（油门手柄扣到底，此时发动机处于全负荷状态）。

3）调整。

怠速调整：怠速由化油器的油针和怠速限位螺丝配合调整。怠速油针的开度一般在一圈半。若怠速较高，拧松限位螺钉也降不下来，说明怠速供油太稀，应逆时针增大怠速油针开度，油针开度增大，怠速会下降，应拧紧限位螺钉；若怠速不能长时间运转，转速慢慢下降，消声器排烟越来越浓，最后熄火，说明供油太浓，应逆时针减小怠速油针开度，减小油针开度怠速会上升，应拧松限位螺钉，减小怠速油针开度应顾及加速性能，即猛加油门时发动机转速应迅速上升，不得有熄火停顿现象，若有此现象说明供油不够，应略增大油针开度。

高速调整：高速主要由化油器的高速油针调整。高速油针的开度在半圈左右。若听起来转速很高，但工作起来力量不够，而且发动机温度较高，这说明供油太稀，应逆时针增大高速油针开度，若高速时发动机声音较闷、排烟较浓，猛松油门手柄时发动机突然从高速回到怠速，有熄火停顿现象，说明供油太浓，应顺时针减小油针开度。有时发动机在高速运转时温度较高，可以略微开大怠速油针降低温度，应略拧紧限位螺钉，保持怠速不变。

4）停机。

放松油门手柄，使发动机怠速运转 2 ~ 3 分钟，将设置操纵杆移至"O"位置，或者将阻风阀门关闭，即可停机。

（2）危险情况

1）机械爆燃。

2）加油时漏油失火。

（3）注意事项

1）在燃油中添加具有金属润滑作用的抗爆剂。

2）按照规定的汽油和机油比例，混合调好后，利用加油器或简易器材加满燃油。STIHL-BR600 型背负式灭火机燃油比例为 50∶1，禁止加纯汽油。

3）新机器投入使用前，必须进行磨合，以确保性能始终处于良好状态，发挥最佳效能。STIHL-BR600 型背负式灭火机通常以用完两箱燃油为磨合周期，主要以怠速、低速运转。新机应经过 30 小时的中、小负荷工作，然后再全负荷工作。

4）灭火机加油时，机具熄火后应在扑灭火线的侧后方 20 米处实施，禁止在火线附近和火烧迹地内加油。机具重新启动时，擦拭洒落在机具外表的油迹，离开原地 3～5 米启动，以防机具漏电，点燃漏在地面的燃料造成危险。油料员应经常检查油桶是否漏油，接近火场后必须手提油桶，跟进扑火组的位置应在扑灭火线外侧后方 20 米处。遇大火袭击时，迅速扔掉油桶。特殊情况下需进入火烧迹地时，严禁油桶置地。

5）连续作业机体温度过高时，应适当停机保养。通常连续工作 4 小时以后停机 5～10 分钟凉机降温。

6）作业中的灭火机出现异常噪声或故障要停机检查，排除故障后方可使用。作业完毕后要及时检修保养，停用漏油或渗油的灭火机，维修后方可使用。

## 小知识

"爆燃"是指灭火机的发动机气缸内混合气体瞬间不正常的爆炸性燃烧。由于燃油质量不合格或低于发动机规定牌号、燃油抗爆性差、气缸内积碳过多等原因，气缸内的混合气体快速燃烧，引起发动机机体温度急剧升高，燃烧室内燃气压力过大，出现气缸产生强烈的金属敲击声、机体温度严重过热、发动机工作不稳定、功率下降、消声器排出大量黑烟等现象。发生爆燃时，由于气缸内燃气压力过大，会超出气缸材料设计强度，导致气缸爆裂，使装备报废，并易造成人员伤亡。

## 问题 59.　水枪操作有哪些注意事项?

水枪是以水灭火的常用装备,因受火场环境、火灾种类等条件限制较小,广泛应用于扑救森林、草原火灾。目前,森林消防队伍配备的水枪主要有 WDDQ-02 型桶式水枪、HLSB 型往复式水枪等（见图 3-9、图 3-10）。

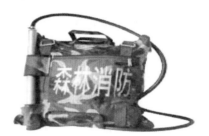

图 3-9　WDDQ-02 型桶式水枪　　　图 3-10　HLSB 型往复式水枪

**（1）操作规程**

背好加满水的水枪后,左手握水枪头,右手紧握水枪杆,对准火线往复伸缩推拉作业。枪头外伸做推的动作时拉要稍轻缓,保证连接管从水桶中吸水。枪头向内缩放做拉的动作时要均匀用力,使射出的水有力。电动水枪通常在背好水枪后,再启动点火开关开始作业。

**（2）注意事项**

1）注意水管与水箱连接处勿过度弯折,以防胶管出现裂缝而漏水。

2）出现漏水现象,应检查漏水部位是否松动,或更换漏水部位的配件。

3）使用完毕后，应将水枪内余水排干净，将滑动部位（水枪内管外壁）涂上润滑脂，存放在干燥的库房内。

4）水枪使用时喷水口不能直对人的眼、耳、鼻等，以免造成意外伤害。

## 问题 60. 高压细水雾灭火机操作有哪些注意事项？

高压细水雾灭火机是一种以水灭火装备，利用高压泵将水袋中的水通过伸缩枪杆、单孔或多孔枪头，以线状或雾状的形式，射向火线、稀释氧气浓度、增加可燃物湿度、抑制热辐射，最终实现降温、灭火的目的（见图3-11）。

图 3-11　高压细水雾灭火机

（1）操作规程

1）启动。

在背机的基础上，把油门调节器推到下端，使汽油机空载启动。右手握枪杆，左手向身体左后侧抓握启动器手柄，将机器启动。初次启动时，关闭风门开关（机器运转几秒后，可打开风门开关），经过运转后的机器可在风门开关打开时直接启动。

2）作业。

a. 伸缩枪杆。使枪杆伸长时，只需轻轻扳开枪杆上的压板，拔出或拉伸枪杆，再把压板压紧即可。

b. 调节射程。调节射程主要是通过改变出水压力与出水流量来完成。调整汽油机的油门调节器，可改变汽油机的转速，决定水泵出水的压力与流量。

　　c. 调节喷雾。向上轻扣油门调节器，汽油机转速加大，与减速器连接，经高压水泵把水加压后，通过喷头喷出细水雾。喷雾形式通过更换柱状或雾状喷头进行调节。

　　3）停机。

　　停机时，右手握住枪杆，把油门调节器推到最下端，然后左手向身体左后侧按下电熄火（约 3 秒），汽油机即停止运转。

　　（2）注意事项

　　1）高压细水雾灭火机汽油机使用纯汽油，不得使用混合油。

　　2）启动机器应先怠速稳机 30 ~ 60 秒，经高压水泵把水加压后再打开喷水开关，以免影响喷水效果。

　　3）平时水袋内不得留有余水，满水情况下避免重压猛摔，加水时要使用过滤网，以免造成枪头堵塞。

　　4）枪管弯曲半径不宜过大，以免水流不畅造成机器损坏。

　　5）若喷头堵塞，不宜用硬物插入出水小孔，可将喷头拆下，出水口一端压在枪杆出水口，利用本机的高压水流疏通。

　　6）避免枪杆两端的快速接头内进入杂质，枪杆不得在关闭压盖状态下伸缩，拉伸时不可用力过猛。

## 问题 61. 水泵操作有哪些注意事项？

　　消防水泵灭火就是利用火场及其附近水源，通过架设水泵、铺设水带、安装枪头喷射水流灭火，如图 3-12 所示。其原理是以水泵的机械力量产生压力将水输送并喷射到燃烧物上，利用水蒸发时吸收热量、隔离氧气的特性达到直接或间接灭火的目的。

图3-12　消防水泵

（1）操作规程

1）启动。

通常水泵不能在无水的状态下工作，否则会损坏发动机。启动水泵前，应对水泵进行全面检查。检查工作完成后，反复挤压气囊，将油箱中的混合油输送到泵体的供油位置。打开发动机开关，调整阻气门开关位置，打开油门至适当位置，启动发动机。

2）作业。

水泵在工作状态时必须经常检查底阀，确保其不被堵塞。在运行过程中，不要将底阀从水中拿出，否则会造成发动机空转，损坏泵体。发动机油门要保持适当位置，在油门全开状态下长时间工作会大大缩短其使用寿命。

3）停机。

首先把油门调节到怠速位置（向下），待机0.5 ~ 1分钟。然后把停机开关移至 OFF/ 关的位置；拆去吸水管和排水管后，抬起泵并且朝两个方向倾斜倒出泵里的水。最后，用干布擦拭水泵接头后，拧上接头保护盖。

（2）危险情况

1）水枪头弹跳伤人；

2）水钳把手反弹伤人；

3）搬运水泵时泵体消声器部分烫伤人。

（3）注意事项

1）用水泵灭火时，水枪手不可在水带内有高水压状态下将水枪头随意置地。用止水钳在水枪后方的水带上止水后或降低水泵的转速后方可置地。

2）使用止水钳在水带上止水时，操作人的头部要偏移止水钳止水位置。

3）使用水泵扑救森林火灾时，水泵常常要工作几个小时或更长的时间，所以，水泵的机体特别是消声器部分的温度非常高。因此，在搬运水泵时一定要将水泵的消声器部分向外，不可向内用腹部贴着消声器搬运。

## 问题 62. 油锯操作有哪些注意事项？

油锯主要用于伐木，在森林火灾扑救中常用来开设隔离带、直升机临时机降场地和清理火场，具有携带方便、轻捷、易控制等特点。目前森林消防队伍配发列装主要有德国产的斯蒂尔油锯和西北林业机械厂生产的 BG33 型高把油锯、CH18 型短把油锯。BG33 型高把油锯如图 3-13 所示。

图 3-13　BG33 型高把油锯

**（1）操作规程**

1）启动。

冷机启动：启动前先将链条锁定（链条锁把向前推）。右手满把握住后握把上端（油门锁下按），右手食指用力按住油门，同时关闭风门（控制杆按到最下端为关闭风门）。左手握住前把手，右手拉住启动手柄，右脚踩住后握把底端。慢慢拉动启动绳，直到感觉到阻力，然后用力垂直猛拉启动绳，直到发动机热机（启动后会自动熄灭）。控制杆向上调动一格（风门调到半开位置），再次拉动启动绳，直至发动机启动，启动后稍加油门（控制杆自动跳到正常怠速位置），而后松开油门，使发动机怠速运转不熄火。将链条锁向后拉（靠近前把手），加油门使链条正常运转。

热机启动：热启动的方法和冷启动方法基本相同。将控制杆调到正常怠速位置，直接拉动启动绳启动。

2）调整。

怠速由化油器油针和曲轴箱上的怠速限位螺钉配合调整。怠速时锯链不应转动。怠速油针的开度一般在 3/4 圈左右（即把油针轻轻拧紧后退出 3/4 圈 )。若转速较高，松限位螺钉也拧不下来，说明供油太稀，应增大怠速油针的开度，油针开度增大，转速会下降，应与限位螺钉配合调整。若怠速不能长时间运转，速度慢慢下降，消声器排出的烟越来越浓，最后灭火，这表明供油过浓，应关小油针。

3）停机。

松开油门后直至 10 秒，将控制杆移动到最上格（"0"标志处），油锯熄火。

**（2）危险情况**

1）锯链过松或过紧；

2）油锯制动系统不灵敏；

3）油锯碰触硬物反弹；

4）锯链崩断伤人。

**（3）注意事项**

1）用油锯作业时，不能距明火过近，以防汽油受热挥发发生爆炸。

2）使用油锯伐树时，要注意树倒方向，先要开下楂（下缺口），即在选定的树倒方向先锯一个下口，然后再锯上楂，把树伐倒。在树倒的方向 30 米内禁止站人。

3）在作业中短时间转移时，油锯保持怠速运转，锯链不得转动。

4）给油锯加油时，应将发动机熄火，并关掉油路开关，严禁发动机运转时加油。

5）停机前，发动机应怠速运转 1 ~ 2 分钟，然后再关掉电路开关停机，停机后再关油路开关。在使用过程中应随时观察油锯的工作状态，发现有不正常情况时，应立即停机检查。

6）当发生夹锯时，应马上停止给油，把油锯导板抽出来采取加楔办法，再行作业。在树木将要下倒之前，发生夹锯而锯又抽不出来时，这种情况非常危险。应先把油锯熄火，卸下导板，把锯移开，再采取其他办法取出导板。

7）当发生卡锯时，可在收小油门的同时，把锯左右活动几下，当锯链又继续转动时，再行给油，继续作业。

8）当发生掉链或卡链时，应马上停止给油，取出油锯，检查是否锯链过松或导板变形，调节导板或更换导板，待油锯运行正常后再进行作业。

9）当油锯导板前端触碰到岩石、金属等硬物时，油锯在工作的状态下会向操作者头部方向猛烈反弹构成巨大危险，此时，操作者的左手在握前手柄的状态下要迅速向前用左小臂推挡油锯的制动挡板，使油锯迅速达到制动状态。

## 问题 63. 点火器有哪些注意事项？

点火器在灭火中主要用于以火攻火、阻隔火线、计划烧除和应急自救。灭火人员应了解、掌握点火器的结构性能和正确的操作与使用方法。12002 型点火器如图 3-14 所示。

（1）操作规程

1）首先拧开油桶盖，取出点火器上部组件。

2）拧下阀盖上的封闭丝堵，把封闭丝堵拧在阀盖的另一螺纹孔上。

图 3-14　12002 型点火器

3）将油桶装上燃油，将上部组件点火向上用压盖连接在油桶口上。

4）打开油桶上部跑风阀，将跑风阀按逆时针方向旋转一圈即可。

5）提起点火器，将点火头向下倾斜，向点火头上滴上燃油后点燃点火头，提起点火器将点火头倾斜向下，燃油会从油嘴不断流出，点烧开始。

点烧结束后，将点火器直立放在地上，待点火头上的燃油燃尽后，点火头上的火焰会自动熄灭。

（2）注意事项

1）点火器使用的燃油为易燃物，油桶加油后要擦净滴在点火器外部的燃油后才可进行点烧工作。如果使用不当，桶口有油溢出，要立即将点火器向上入于地面，安全阀会自动封闭油路，熄火后检查上压盖是否拧紧，油桶胶圈是否脱落。如胶圈脱落，要装好胶圈，拧紧压盖才可进行点烧工作。

2）点火头点燃时要远离加油装备。在停止使用时要将点火头熄灭，将点火头向上垂直放置，不得随意扔放，避免燃油溢出。

3）点火器用完后将桶内燃油倒出存放。如带油存放，必须将油孔封闭，关闭跑风阀，以免燃油溢出发生危险。

4）禁止使用矿泉水瓶、饮料瓶等自制简易点火器，以防发生危险。

**小贴士**

森林、草原消防安全七字诀

灭火作战保安全，决策指挥最关键；

植被地形与气象，各种因素想在前。

开进转场路途险，时时处处讲安全；
干部骨干责任大，不可小视安全员；
灭火人员别大意，行进安全记心间。

接近火线暗藏险，必须选准突破点；
沟谷迎风上山火，盲目冒进易遭险；
抓住时机速决战，打开缺口才安全。

扑打明火险中险，谨防陡坡风突变；
险情面前无路走，主动避险当为先；
选择避险须谨慎，防护装备要带全。

清理火线也有险，暗火复燃藏隐患；
悬崖滚石站杆木，防摔防砸防迷山；
撤离归建人清点，前后照应防减员。

火场人人重担挑，灭火安全最重要；
齐心协力做贡献，安全高效是目标。

# 第 4 篇　逃生自救篇

【引导语】又逢"11·9"，村里广播正在进行冬季森林、草原防灭火宣传，并通知村群众扑火队员去村委会参加森林、草原灭火安全培训。王老汉和儿子是村群众扑火队成员，一听到通知，王老汉马上招呼儿子放下手中的活儿，带上本和笔赶到村委会参加培训。这次培训的内容是帮助村民了解危险火环境的特征，掌握常用紧急避险方法、迷山自救及火场医疗救助方法。本篇介绍在森林、草原火灾扑救中遭遇险情时的处置方法。首先介绍了危险时段、危险地形、危险可燃物，培养林牧区居民的火场险情预判能力。而后，介绍了 5 种常用紧急避险方法、迷山自救及火场医疗救助方法，目的是提高林牧区居民的火场避险和自救能力。

专题一：
火场危险因素
预判

在森林、草原火灾扑救中，扑火人员可通过观察火场周围的地形、植被，并结合气象（风力、风速）、火行为变化等因素，来综合判断自身所处的位置是否安全。通过预判火行为的发生发展规律，做到遇有险情时及时撤离，确保参战人员、技术装备、重点目标及火场周边区域人民生命财产安全。

**问题 64. 森林、草原火灾扑救中，易发生的人身伤害有哪些？**

（1）高温烤灼

高温伤害主要是热烤和烧伤、烧亡。

高温引起体温上升，最轻的症状通常是轻微头痛，眩晕及大量出汗。这些症状可以通过增加体液摄入得到减轻，但要适当控制饮水量或在水中加入少量的盐。因为排汗失盐过多，越喝越口渴，越要饮水，最后肚子鼓胀。排汗失盐过多，还会引起腿和腹部的剧烈痉挛。

高温引起灭火人员大量出汗。在极端热负荷下，每小时可消耗2升体液。如果体液得不到补充，或热负荷积累使体温升高2摄氏度，就可能产生中暑现象。在中暑期间，排汗停止，皮肤变得热、干燥、发红，呼吸急促，体温迅速上升，患者很快就处于休克或昏迷状态。中暑是极其危险的，严重的会导致死亡或永久性脑损伤。

🔖 **小知识**

　　灭火人员在火焰烧伤中失去战斗力和死亡的主要原因是热负荷过度。热负荷过度类似中暑，但发生的时间过程却要短得多。有关火焰武器对全着装的士兵的作用研究表明：在总热负荷（辐射热＋对流热）为 18 000 摄氏度／秒时，100% 的士兵失去战斗力；在 15 000 摄氏度／秒时，有 50% 的人完全失去战斗力；而在 9 500 摄氏度／秒时，没有发现完全失去战斗力。

### （2）浓烟熏呛

　　浓烟使扑火人员迷失方向，造成呼吸困难，呼吸高温的浓烟会使喉管充血、水肿使人窒息而死。另外，浓烟还含有大量致命的一氧化碳。一氧化碳不同于其他共生气体，它无味、无色、无臭，对灭火人员身体危害极大。一氧化碳对人的影响主要是使人体血液中羧络血红蛋白浓度的含量过高，当人体血液中羧络血红蛋白浓度的含量在 1%～2% 时，人体会出现一些影响行为功能的症状；2%～5% 时影响人的中枢神经系统，出现视力减退和心理功能障碍等症状；5%～10% 时，引起心、肺功能紊乱；10%～80% 时，影响灭火人员的行为功能，使灭火人员身体疲劳、呼吸困难、头痛直至死亡。

> ### 📖 小知识
>
> 森林火灾中，每千克可燃物可产生 10～250 克一氧化碳，闷烧产生一氧化碳量比明火要大 10 倍。火锋前沿的一氧化碳水平为 100～200 微升／升，最高可达 500 微升／升。顺风 30 米处为 10～20 微升／升。血液水平同林火前沿的 100 微升／升的一氧化碳达到平衡需要 1～2 小时，一旦受害者回到清新的空气环境里，至少要花 3 倍的时间才能使一氧化碳从血液中除去。因此林火前沿扑火人员应每 2 小时轮换。一氧化碳对森林扑火人员的最大危险就在于潜伏性。扑火人员的精神敏锐性可能被破坏，自己可能觉得一切正常。

（3）砸伤、摔伤、坠崖

在森林、草原燃烧后，会产生大量的站杆倒木，土质疏松造成滚石下落等情况，扑火队员由于长时间奋战，体力消耗巨大，四肢无力、稍有不慎极易发生砸伤、摔伤的情况。夜间灭火时，由于地形不熟、视野受限，易造成坠崖、摔伤等情况。

（4）违规操作机具受伤

灭火人员在使用耙子、铁锹、油锯、斧子等工具灭火时，若没有保持一定安全距离，易发生相互碰撞，或因使用灭火弹不当而造成人身伤害的情况。

### 问题 65. 森林、草原火灾扑救中，各时段危险性如何？

1）0—4 时为易发生人员摔伤时段。该时段虽然火场气温低，火势弱，但是人容易犯困，精力不集中，加上天黑能见度低，容易发生人员摔伤事故。

2）4—10 时为扑火安全时段。该时段由于地气上升，露水下降，地面湿度大，植被燃烧性降低，火势较弱，扑火安全。

3）10—16 时为扑火高危险时段。该时段火势气温逐渐升高，风力不断加大，地面相对湿度低，风向易变，植被最易燃烧，且烟尘大，是扑救森林火灾极其危险的时段。特别是 13 时左右林木最易燃烧，林火蔓延速度最快，火强度最大，最容易形成树冠火，最不容易扑救，最易造成人员伤亡，是最危险的时段。

4）16—21 时为扑火比较安全时段。该时段火势、气温逐渐降低，植被燃烧性逐渐下降，火的强度也逐渐变弱。随着露水的降临，火势蔓延速度逐渐放慢，是比较安全的灭火阶段。

5）21—24 时为易发生人员摔伤时段。该时段虽然火势较弱，但是扑火人员经过一天的战斗，体力下降，精力不集中，极度疲劳，加上夜间能见度低，容易发生人员被倒木砸伤、坠崖摔伤事故。

## 问题 66. 森林、草原火灾扑救中，常见的危险地形有哪些？

森林、草原火灾扑救中，常见的危险地形主要有 6 种：陡坡、狭窄山谷、单口山谷、山脊、鞍部、草塘沟。

### （1）陡坡

陡坡会改变火行为。火从山下向山上燃烧时，上坡可燃物受热辐射和热对流的影响，蔓延速度随着坡度的增加而增加。同时，火头上空易形成对流柱，产生高温使树冠和山坡可燃物加速预热，使火强度增大，容易造成扑火人员伤亡。因此直接扑打上山火或沿山坡向上逃避林火都是极其危险的。另外，由于一些燃烧物，如松果等随时会滚落到山下形成新的起火点并形成新的上山火，也会对扑打下山火的人员造成极大威胁。

【案例】1993 年 1 月 31 日，湖南省祁阳县紫云桥乡杨合山发生森林火灾。当时火场情况：火场山势陡峭，坡度 >45 度，火为上山火。灭火队伍到达后先沿火翼进行扑打，起初火强度不大，火焰不足 1 米，所以没有引起大家的足够警惕。为加快灭火进度，由队长带 4 名灭火机手到火的上坡位置进行扑打。不久，风力突然加大，火强度瞬间加强并快速向坡上蔓延，将山坡上扑火的 5 名扑火队员包围，造成 2 人死亡，3 人重伤。

### 📖 小知识

通常将坡度在 25 度以上的山坡称为陡坡。

坡度大小直接影响可燃物湿度变化。陡坡降水停留时间短，水分容易流失，可燃物相对干燥而易燃。同时坡度大小对火的传播也有很大影响，坡度越陡，火蔓延速度越快，坡度与火的蔓延速度成正比，通常坡度每增加 10 度，上山火蔓延速度增加 1 倍。

### （2）狭窄山谷

当火烧入狭窄山谷时，会产生大量烟尘并在谷内沉积，林火对两侧陡坡上的植被进行预热，随着时间的推移，热量逐步积累，一旦风向、风速发生变化，在空气对流的作用下，火势突变会形成爆发火。

如果狭窄山谷一侧山坡燃烧剧烈，火强度大时，所产生的热量水平传递容易达到对面山坡。当对面山坡接受足够热量而达到燃点时，会引起轰燃。

**（3）单口山谷**

三面环山只有一个入口的山谷，俗称"葫芦峪"。单口山谷为强烈的上升气流提供通道，很容易产生爆发火，造成扑火人员伤亡。

【案例】2004 年 1 月 3 日，广西省玉林市兴业县买酒乡党州村发生森林火灾。16 时 30 分，在扑救党州村太平自然村经济场后岭火灾过程中，21 名扑火队员从经济场后背山西面沿火线向鬼岭肚方向扑打。到达鬼岭肚后，兵分两路，一路由乡长带领沿火线继续向前扑火，另一路由乡林业站站长带领 13 人直插谷底实施扑火。17 时 10 分，当 13 人将要接近山谷的火线时，由于山谷属单口山谷的特殊地形，局部产生了旋风，火势突然增大，火焰高达 10 余米，13 人中只有 2 人脱险，其余 11 人全部遇难。

**（4）山脊**

山脊是指由数个山峰相连形成的脊状延伸的凸形地貌形态。由于林火使空气升温，沿山坡上升到山顶，与背风坡吹来的冷风相遇，在山脊附近形成飘忽不定的阵风和空气乱流运动，使林火行为瞬息万变，难以预测，易造成人员伤亡。

【案例】1986 年 3 月 29 日，云南省玉溪市城北区刺桐关乡发生森林火灾。火场地势为海拔高度 2 000 ～ 2 100 米的狭长山谷，谷口朝西南，谷底到山脊高差 100 米，坡度大于 50 度，山脊长 1 000 米左右，脊线上有几处鞍部。玉溪市组织 1 万余人扑火，31 日晨 3 000 余人在刺桐关大省山脊上开设隔离带，火从对面的东南坡缓慢向谷底燃烧。

12 时，开设隔离带 1 000 米后，大部分人员转移到侧翼开设隔离带，留下部分人员休息待命。13 时东南坡的林火烧至谷底后，火瞬间从谷底蔓延到对面山坡形成冲火，伴随着高温、浓烟和轰鸣声，迅速冲过隔离带，造成 24 人死亡、96 人受伤。

（5）鞍部

鞍部，是相连两山顶间的凹下部分，形如马鞍形状，故称鞍部。鞍部受昼夜气流变化的影响，风向不定，是火行为不稳定而又十分活跃的地段。当风越过山脊时，鞍部风速最快，并形成水平方向和垂直方向的旋风。当林火高速通过鞍部时，高温、浓烟、火旋会造成扑火人员伤亡。

白天，坡面上的空气增温强烈，于是暖空气沿山坡上升，由于来自海拔较低的山谷底部，故称谷风。夜晚，山坡上辐射冷却，邻近地面的空气迅速变冷，密度增大，因而沿坡面下滑，流入山谷底部，因来自山坡，故称山风。

【案例】1989 年 3 月 13 日，辽宁省锦州市锦县果园南山发生森林火灾。3 月 13 日 11 时，当地驻军发现火情，决定增援地方群众开展扑火，为争取时间迎火头从鞍部接近火场，由于鞍部的特殊地形形成火旋，最终造成 9 人死亡。

（6）草塘沟

草塘沟是指林地内或林缘集中分布有杂草的沟洼地形，沟内通常为细小可燃物连续分布。草塘沟为林火蔓延的快速通道，火在草塘沟燃烧时，通常火强度大，蔓延速度快，同时火会向两侧的山坡燃烧形成冲火，容易造成扑火人员伤亡。

【案例】1987 月 4 月 20 日，内蒙古陈巴尔虎旗发生草原火灾。火场的地形为长 2 000 米东西走向的草塘沟。4 月 20 日上午，火从北山坡向山下蔓延，护林员带领 94 人，扑灭 2 000 米火线。12 时 30 分，护林员去侦察火情，扑火人员在沟塘中部休息待命。14 时，火突然从沟西部顺风向沟口方向迅速蔓延，造成 52 人死亡、24 人受伤。

## 问题 67. 森林、草原火灾扑救中，常见的危险可燃物有哪些？

森林、草原火灾扑救中，常见的危险可燃物主要有 5 种：草本植物、灌丛、针叶幼林、梯形分布的可燃物、水平连续分布的可燃物。

（1）草本植物

大多数草本植物是易燃的，主要包括禾本科、莎草科和部分菊科植物。这类草本植物质量轻、单位表面积大、易干燥，燃点低、蔓延速度快、释放能量迅速，火强度会瞬间加强。

（2）灌丛

灌丛为多年生木本植物；灌丛植株细小、密度大，含水量低、蔓延速度快、释放能量迅速；大多数灌丛是易燃的，如胡枝子、榛子、绣线菊、兴安桧、偃松、杜松等。扑火人员在灌丛中行走困难，通视条件较差，容易造成扑火人员伤亡。

（3）针叶幼林

针叶幼林郁闭度大，生长茂密，透视性差；同时，含油脂较多，可燃物梯形分布明显，易产生立体燃烧。

（4）梯形分布的可燃物

垂直连续分布的可燃物形成"火梯"，有利于地表火转变为树冠火，形成立体燃烧，如遇大风天气，极易产生"飞火"和"火旋风"，导致火势突变，易造成人员伤亡。

（5）水平连续分布的可燃物

在火险季节，当林内杂乱物、采伐剩余物等地表可燃物以堆状不均匀分布在林地上，枝丫堆周围的杂草枯枝，会成为枝丫堆的引火物质，形成地表可燃物的连续分布，容易引发大面积高强度的火灾。

## 问题 68. 森林、草原火灾扑救中，常见的危险火行为有哪些？

在森林、草原火灾扑救中，常见的危险火行为主要有 6 种：急进地表火、急进树冠火、对流柱、飞火、火旋风、林火轰燃。

（1）急进地表火

急进地表火燃烧速度快，速度可达每小时 5 千米，所以燃烧不均匀、不彻底，常烧成"花脸"，留下未烧地块儿，有的乔木没被烧伤，火烧迹地呈长椭圆形或顺风伸展呈三角形。由于其蔓延速度很快，灭火人员在接近火场或在火场附近时，易造成人员伤亡。

（2）急进树冠火

急进树冠火又称狂燃火，火焰在树冠上跳跃前进，蔓延速度快，顺风可达每小时 8 ~ 25 千米或更大，形成向前伸展的火舌。火头巨浪式前进，有轰鸣声或噼啪爆炸声，往往形成上、下两层火，火焰沿树冠蔓延过后，地表火在后面跟进。火烧面积呈长椭圆形，易造成扑火人员伤亡。

（3）对流柱

对流柱是由森林燃烧时产生的热空气垂直向上运动形成的。典型的对流柱可分为可燃烧载床带、燃烧带、过渡带（湍流带）、对流带、烟气沉降带、凝结对流带六部分。对流柱的形成主要取决于燃烧产生的能量和天气状况。

每米火线每分钟燃烧不到 1 千克可燃物时,对流柱高度仅为几百米;每米火线每分钟消耗几千克可燃物时,对流柱高达 1 200 米;每米火线每分钟燃烧十几千克可燃物时,对流柱可发展到几千米高。

🔔 **小知识**

对流柱的发展与天气条件密切相关。在不稳定的天气条件下,容易形成对流柱;在稳定的天气条件下,山区容易形成逆温层,不容易形成对流柱。在热气团或低压控制的天气条件下形成上升气流,有利于对流柱的形成;在冷气团或高压控制的天气条件下为下沉气流,不利于形成对流柱。对流柱的形成与大气温度梯度和风力的关系密切(见表 4-1)。地面气温与高空气温温差越大越易形成对流柱。

表 4-1 对流柱的类型及主要特点

| 序号 | 类型 | 主要特点 |
|---|---|---|
| I | 高耸的对流柱和轻微的地面风 | 当大气或燃料改变时稳定的中等强度林火发展成快速的大火 |
| II | 高耸的对流柱越过山坡 | 具有对流柱的短期快速越过鞍形场的大火 |
| III | 强大的对流柱和高速的地面风 | 具有短距离飞火区的飘忽不定、快速的大火 |

续表

| 序号 | 类型 | 主要特点 |
|---|---|---|
| IV | 强大的垂直对流柱被风砍断 | 具有长距离飞火区的稳定或飘忽不定、快速的大火 |
| V | 倾斜的对流柱和高速的地面风 | 既具有短距离又具有长距离飞火区的飘忽不定、快速的大火 |
| VI | 在强大的地面风下没有上升的对流柱 | 被热能和风能驱使的特快大火,通常具有近距离的飞火区 |
| VII | 山地条件下强大的地面风 | 既有快速的上山火,又有快速的下山火,通常具有大面积的火场和飞火区 |

**（4）飞火**

飞火是由高能量火形成强烈的对流柱将火场上正在燃烧的可燃物带到空中后飘洒到其他地区的一种火源。强大的对流柱是形成飞火的必要条件。如果对流柱倾斜,被对流气流卷扬起来的燃烧物在风力和重力作用下,作抛物线运动,会被抛出很远的距离。被卷扬起来的燃烧物能否成为飞火,直接取决于风速、燃烧物的质量和燃烧持续时间。

那些质量较轻,而燃烧持续时间很长的燃烧物,才是形成飞火的最危险的可燃物,如鸟巢、蚁窝、腐朽木、松球果等。

一般来说,对流柱受到强烈限制时才能形成飞火。但是,在闭塞的峡谷中如果发生烟雾的内转也会形成飞火。

飞火的传播距离可以是几十米、几百米,也可以是几千米、几十千米。如果大量飞火落在火头的前方,就有发生火爆的危险,这对扑火人员是很危险的。据美国报道,飞火可以射到离主火头前方11.3千米处。澳大利亚桉树林的树冠火的飞火距离竟达29千米。在旋风的作用下,还会出现大量飞散的小火星,大多数吹落在距火头数十米甚至数百米外，可引燃细小可燃物，这种现象称为火星雨，形成斑点状燃烧。

### 📖 小知识

飞火的产生与可燃物的含水量密切相关。当可燃物含水量较高时，脱水引燃需要较长时间和较多的热量，夹带在对流柱中的这类可燃物不能被引燃。当可燃物含水量太低时，引燃的可燃物在下落到未燃区之前已经烧尽，也不能产生飞火。国外资料推测，细小可燃物含水率为7%是可能产生飞火的上限，而含水率为4%是产生飞火的最佳含水率。

产生飞火的原因：

1）地面强风作用；

2）由火场的涡流或对流柱将燃烧物带到高空，由高空风传播到远方；

3）由火旋风刮走燃烧物，产生飞火。

### （5）火旋风

在强热对流时，如有侧风推动，就有可能在燃烧区内形成高速旋转的火焰涡流，即火旋风。在森林火灾中，要特别留心因地形形成的火旋风、林火初始期的火旋风以及林火熄灭期的火旋风。林火越过山坡，在山的背坡常产生地形火旋风。火旋风加速了林火的蔓延速度，往往使林火偏离原蔓延方向，易造成扑火人员伤亡。熄灭期的火旋风会造成余火复燃或形成新的火场。

通常在大风的推动下，高速蔓延的火很容易形成火旋风，会使附近的灭火队员转向，灭火人员跑动时产生的负压，会吸引火旋风跟随灭火队员跑动的方向旋转过来，发生火追人现象，造成伤亡。故在大风天气灭火时，要时刻注意火旋风现象，一旦发生这种现象，灭火队员要尽快转移到安全地带。

1871年10月8日，美国威斯康星州森林火灾中，大火伴随着强烈的大风，大量的大树被风扭弯，甚至连根拔起。车库及建筑物的屋顶被抛开，风卷着火舌，形成龙卷风样的旋涡，并发出龙卷风到来时的呼啸声。大多数目击者称为"火龙卷"。这场大火造成约1 500人丧生。

### 📖 小知识

美国林务局南方森林火灾实验室用自制的火旋风模型所做的实验表明：高速旋转的热气流的速度可达每小时23 000~24 000转，水平移动速度达每小时12~16千米，从中心向上的速度达每小时25~31千米，并且证明这种燃烧能将燃烧速度提高3倍。

产生火旋风的原因与对流柱活动和地面受热不均有关：①当两个推进速度不同的火头相遇可能产生火旋风；②火锋遇到湿冷森林和冰湖时可能产生火旋风；③大火遇到障碍物，或者大火越过山脊的背风面时都有可能形成火旋风。一般在山地比在平原上发生火旋风多。

（6）林火轰燃

在地形起伏较大的山地，由于沟谷两侧山高坡陡，当一侧森林剧烈燃烧时，所产生的热量会水平传递到对面山坡。当对面山坡热量积累到一定程度时，会突然产生爆发式燃烧，这种现象称为轰燃。当产生轰燃时，火强度大，整个沟谷呈立体燃烧，如果扑火人员身处其中，极易造成伤亡。

### 🏛 小知识

林火轰燃有两种情况：

1）一侧山坡为细小可燃物，另一侧山坡为粗大可燃物的狭窄山谷。

林火先在粗大可燃物一侧山坡燃烧，随着时间的推移，热量逐渐积累，并水平传递至对面山坡，加速对面山坡细小可燃物预热，当热量积累到一定程度，对面山坡大量细小可燃物同时达到燃点，发生爆发式燃烧。

2）两侧山坡均为细小可燃物的狭窄山谷。

林火先在一侧山坡燃烧，由于细小可燃物燃烧快、释放能量迅速，在很短的时间内将热量水平传递到对面山坡，当热量积累到燃点时，对面山坡可燃物同时燃烧，发生林火轰燃。

## 问题 69. 森林、草原火灾扑救有哪些安全注意事项？

1）不得迎风扑打火头或接近火场。

2）不得翻越山脊接近火场。

3）不得顺风逃生。

4）不得向山上逃生。

5）不得经鞍部逃生。

6）不得在草塘、灌木丛中行走或休息。

火灾的发展蔓延是一种自然行为，具有特定条件下的一般发展规律。因此，只要扑火人员了解、掌握了这些特点和规律，遵循应对处置的基本原则和要求，就能为规避风险，实施正确避险提供可靠保障。

### 问题 70. 火场紧急避险有哪些特点?

**（1）时间紧迫**

在特殊的地形、气象和可燃物条件下，特别是在阵强风的作用下，林火具有瞬间突然爆发危及扑火人员安全的特点，这种突然爆发的火势决定火场险情难以预料的突发性。当扑火人员遇险时，需在较短时间内快速反应。

**（2）环境复杂**

在不同的地形地貌、可燃物分布、气象和时段等条件下，林火的强度、蔓延速度、火行为等变化不尽相同，对人员的威胁也各不相同。

特别是坡度、坡位、坡向以及山谷、山脊、鞍部等地形的起伏变化能改变林火行为和林火类型，从而形成多种多样的危险火环境。

（3）方法多样

火场紧急避险方法是结合现地地形、植被、气象等自然条件，以及人员素质、防护装备等实际，针对不同的险情采取不同的处置方法。同时，这些方法也可根据火场情况相互转换、相互补充，并随着扑火能力的提升、装备的改进而创新发展。

## 问题 71. 火场紧急避险的基本原则是什么？

（1）科学判断，主动避险

指挥员要牢固树立以人为本的思想和强烈的安全意识，做到火情不明先侦察、气象不利先等待、地形不利先规避，坚决防止因急功冒进、盲目蛮干或者对火场安全重视不够、观察不到位而将扑火人员带入险境。特别是要严格按规定穿着防护服装，为生命安全提供最基本、最有效的保障。

（2）果断决策，快速脱险

指挥员要迅速果断定下避险决策，以防贻误有利避险时机。要灵活采取避险方法，火场紧急避险方法都有其适用条件，要因时因地因势而定，绝不能生搬硬套。必须综合考虑现地情况和扑火队伍实际，采取最有效的方法实施避险。

（3）快速反应，及时救险

由于受自然条件、人员素质及防护器材等因素影响，避险结果具有不确定性。避险不及时或措施不当，很容易导致灭火人员出现烧伤、窒息、一氧化碳中毒等情况。一旦发生此类情况，应立即采取紧急措施，全力做好伤员急救和后送工作，使伤员在第一时间得到有效救治。

## 问题 72. 火场紧急避险的常用方法有哪些?

火场紧急避险是指当大火威胁人身安全时，扑火人员为保护生命安全所采取的紧急应对措施。其核心是主动防险，积极避险，最大限度地保护扑火人员和人民群众的生命安全，是每名扑火人员必须具备的基本技能。

在森林、草原火灾扑救中，常用的火场避险方法主要有 5 种，分别是利用有利地形转移避险、预设安全区避险、点迎面火避险、点顺风火避险、冲越火线避险。

## 问题 73. 什么是利用地形转移避险?

利用地形转移避险是指当大火威胁人身安全，火场附近有较宽的河流、湖泊、沼泽、耕地、沙石裸露地带、无植被或植被稀少地带等可实施有效避险的地域，且时间比较宽裕时，扑火人员可迅速转移至此地域避险。

避险时，一是尽可能选择相对湿润、无植被或植被稀少的位置蹲下或卧倒；二是不宜选择细小可燃物密集地域；三是易燃装备应放置在距离人员较远的下风位置。

## 问题 74. 什么是预设安全区避险?

预设安全区避险是指为保护重点目标安全，灭火人员扑打中强度以上地表火、在危险地形灭火或开设隔离带、在高温大风天气条件下灭火，以及强行阻截高强度火头时应开设安全避险区域，确保在火势突变时，保证灭火人员安全的避险方法。

预设安全区通常选择在植被稀少、地势相对平坦、距火线较近且处于上风向的有利位置，坚持"宁大勿小"的原则。同时要彻底清除安全区域内的可燃物，排除安全隐患，并派出观察哨密切观察火场动态。

## 问题 75. 什么是点迎面火避险？

利用地形点火避险是指当大火威胁人身安全，火场附近有公路、铁路、林间小路、河流、小溪等自然依托，但其宽度不足以实施有效避险，且时间相对宽裕时，可在依托的下风地段点火加宽依托实施避险。点烧时，应注意点烧速度、点烧面积。点烧速度不宜过慢，面积不宜过大。如果点烧速度过慢，点烧面积小，安全避险系数就低；点烧速度过快，容易失去控制，点烧面积大，易造成"点火自围"。

需要注意的是，沿依托点火时，利用风力灭火机助燃，加快燃烧速度，当达到足够宽度时，人员迅速进入火烧迹地避险。

## 问题 76. 什么是点顺风火避险？

点顺风火避险是指当大火来袭，时间紧迫，且火场周围没有依托条件或虽有依托条件，但不具备点烧迎面火的时间或距离时，应迅速点烧顺风火，并顺势进入火烧迹地内，靠近新点烧的火头避险。

点烧时，风力灭火机手跟进助燃，水枪手清理火烧迹地内较大的火星或倒木，灭火弹手集中灭火弹随时准备压制袭来的火头，确保在较短时间内烧出较大的避险区域，确保灭火人员在火烧迹地内安全避险。

## 问题 77. 什么是冲越火线避险？

冲越火线避险是指当大火突然来袭，人员已不具备转移、点火以及其他避险条件时，形势万分紧急，应选择地势相对平坦、火焰高度相对低、火墙相对薄的地带，用衣物护住头部，逆风快速冲越火线，进入火烧迹地避险。

冲越火线时，要按要求穿戴防火面罩、防火手套等防护装备，用湿毛巾捂住口鼻，将易燃、易爆及笨拙装备抛至安全距离，而后以轻装最快速度冲越火线，进入火烧迹地避险。

需要注意的是此避险方法只能在没有反应时间，又不能坐以待毙的情况下使用，只要具备其他避险条件，绝不冲越火线。

【案例】黑龙江省嫩江县"5·26"特大森林火灾紧急避险案例

火灾时间：2006 年 5 月 26 日

火灾地点：黑龙江省黑河市嫩江县滨南林场

危险环境：2006 年 5 月 26 日 14 时 30 分，当扑火队伍接近火线边缘，正要展开灭火行动时，火场风向突然变为西北风，风力达到 8～9级，火焰高度迅速增至 10 米以上，火强度也骤然增大，并伴随着火旋风，扑火队员人身安全受到严重威胁。

避险经过：火线左翼分队 31 名人员已来不及向两侧撤离，指挥员组织 8 名骨干准备点烧迎面火实施紧急避险，但由于距离火线过近、火强度过高，点烧迎面火已难以抵御袭来的火势。此时，如果顺风撤离或向左右两侧撤离都将遭受重大伤亡。指挥员果断决定迎风冲越火线实施避险，命令人员迅速浇湿衣服和毛巾，蒙住头部和口鼻，迎风冲越火线；但因火强度过大，31 名人员被火不同程度烧伤。

火线右翼分队 36 名人员当时距离右侧林地 100 多米，指挥员当机立断，命令人员和 2 名向导迅速向右侧林地撤离。到达林地后大火也跟随而至，但由于树木的阻挡作用，火势、火强度、蔓延速度大为降低。右翼分队趁机选择安全路线组织向东北方向（滨南林场）跑步撤离 6 千米脱离了危险区域。

案例分析：左翼分队指挥员沉着冷静，在组织点火自救难以奏效的情况下果断组织人员迎风冲越火线避险，有效降低了烧伤程度。右翼分队指挥员在危机到来之时，迅速做出最佳避险选择，抓住侧逆风的有利条件组织人员迅速撤至右侧林内，利用火蔓延至林内，火强度和蔓延速度大大降低的有利时机，选择安全路线迅速撤离至安全区域，避免了被火围困。

专题三：
迷山自救与
火场急救

### 问题 78. 野外迷山的原因有哪些？

"迷山"就是指山地条件下扑火人员经过一段时间仍无法从某一地域到达目的地，又不能返回出发地的情况。"迷山"事故严重影响扑火任务的完成，造成非战斗减员，也会极大地影响扑火人员的心理。为此，我们要切实预防"迷山"事故的发生。野外迷山的原因主要有以下三点：

（1）准备不充分

在野外行进时，应事先做好充分准备。要了解清楚火场地域的基本地形、地物，制定行进略图，要基本了解行进路线上大的方位物。如果从开始就没有确定路线而只是依赖地形及方位行进，那么很容易迷失方向。

（2）原有参照物发生了变化

由于天气变化，例如雨、雪、雾、风或其他因素的影响找不到原选定的参照物，或方位物消失，致使行进中因找不到方位物而迷失方向。这种情况经常会出现。

（3）人的生理特点造成的"迷山"

在广阔平坦的沙漠、草原或茫茫的林海中行进，因景致单一，缺乏定向的方位物，人们前进的方向一般不会是直线，通常要向右偏。这是因为一般人的左步较之右步稍大 0.1 ~ 0.4 毫米，因此在行进中不知不觉就会转向右侧。步行者通常以 3 ~ 5 千米的直径走圆圈，即俗话说的"鬼打墙"。这种情况在生疏地形、无可靠方位物时经常发生。

## 问题 79. 预防野外迷山的措施有哪些？

（1）加强教育，严格纪律

灭火人员一定要加强业务学习，掌握山林灭火知识。在森林、草原火灾扑救中要严守纪律，服从指挥员的指挥。

（2）加强管理，严格制度

凡在林区执行灭火等任务时，一定要 3 人以上同行，其中至少有

1 人有野外行进的经验。在徒步执行灭火任务时，要在出发前定好行进线路和方向，行进过程中要随时校对方向，发现问题时应冷静考虑，然后再行动；出发前要检查电台、对讲机的状态和电池充电情况，带好地形图、指北针、全球定位系统（GPS）等，严防集体"迷山"。夜间扑火后一定要将所有人员集中后才能返回驻地。

**（3）加强野外训练，熟悉辖区林情**

日常训练中要经常有计划、有针对性地进行野外拉练，使灭火人员熟悉野外行进的方法，使其能适应野外环境，妥善处理所遇到的问题。

**（4）提高警惕，防止"迷山"**

在执行灭火作战任务时，灭火人员必须提高警惕，避免因麻痹大意，过于自信而发生"迷山"事故。进入森林时，为避免迷失方向，应把当地的地形图研究清楚。特别要注意行进方向两侧可作为指向的线形地物，如河流、公路、山脉、长条形的湖泊等。注意其位置在行进路线的左方还是右方，是否与路线平行。这些地物可以帮助我们摆脱困境。

## 问题 80. 迷山自救的方法有哪些?

1）如果在火烧迹地内迷失方向，始终朝一个方向走，就会走到火线上去，然后顺火线走就可以找到队伍。

2）如果在森林里迷失方向，要立即停止前进，沉着冷静思考解决办法。

a. 计算一下自己走出的时间和路程是否相等，到高处看一下周围的山形、地势或火场的烟雾；分析判断走的路线是否正确，如果正确，可继续前进，如果不正确自己能否按原路返回，如能按原路返回，就要养足精神，立即返回，如不能按原路返回，要停下休息，再想新的出路。休息时要注意防寒、防雨，必要时可搭临时窝棚，采集山产品充饥。

b. 夜间在山顶点火告警。用火时要注意安全，不要跑火，同时注意向四周侦察，见到其他山顶有火光时，可能是寻人信号，这时应朝火光方向走。

c. 注意巡护飞机或来回盘旋的寻人飞机。当发现飞机时，要在安全的地方点火告警；如点火来不及时，可利用小镜子反射太阳光照向飞机前舱，使机组人员注意目标。

## 问题 81. 火场烧伤应如何处置?

烧伤是扑救森林、草原火灾行动中常见的损伤。烧伤不仅损伤皮肤，而且还会伤及肌肉、骨骼或内脏，呼吸道烧伤也很常见。烧伤的严重程度决定于烧伤面积和深度，大面积严重烧伤是引起全身性伤害的复杂疾病，可致残甚至死亡。

处置方法：

1）首先果断而迅速地使伤员脱离烧伤现场，去除烧伤源。

2）去除损坏衣服，必要时用剪刀除去，减少创面的继续损伤。使用干净的绷带或衣物保护创面，防止感染。

3）烧伤后伤员都有不同程度的疼痛和烦躁不安，应及时注射药物镇痛。

4）严重烧伤者应使之静卧，保持呼吸道畅通，如呼吸道烧伤，有呼吸道梗阻时，及时将气管切开；心脏停跳时，及时做心肺复苏，恢复心跳。

5）合并大出血者应立即止血，有骨折者给予简单固定。

6）利用交通工具迅速转送医院，转送途中应注意防暑防寒。转送时间超过1小时的，应静脉补给等渗盐水或口服含盐水分。切忌单纯给水或大量口服开水，以防脑水肿。

---

**📖 小知识**

在我国普遍采用三度四分法作为烧伤深度的估计方法，即根据皮肤烧伤的深浅分为Ⅰ度、浅Ⅱ度、深Ⅱ度、Ⅲ度。深达肌肉、骨质者按Ⅲ度计算。临床应用中将Ⅰ度和浅Ⅱ度称为"浅度烧伤"，将深Ⅱ度和Ⅲ度称为"深度烧伤"（见表4-2）。

---

表4-2 烧伤深度鉴别表

| 深度分类 | 损伤深度 | 临床表现 | 愈合过程 |
|---|---|---|---|
| Ⅰ度 | 表皮层 | 红斑、轻度红肿、痛、热、感觉过敏，无水疱 | 2～3天后症状消失，有脱屑 |
| 浅Ⅱ度 | 真皮浅层 | 剧痛，感觉过敏，水疱形成，壁薄，基底潮红，明显水肿 | 10～14天愈合，无瘢痕，有色素沉着 |
| 深Ⅱ度 | 真皮深层 | 有或无水疱，壁厚，基底发白，可有小红斑点，水肿明显，痛觉迟钝 | 3～4周后愈合，有残留上皮增生和创缘上皮爬行愈合或痂下愈合 |
| Ⅲ度 | 全层皮肤及皮下组织或更多 | 皮革样，失去弹性和知觉，苍白或炭化（焦痂），干燥无水疱，痂下严重水肿，并可见粗大树枝状栓塞血管网 | 2～4周焦痂自然分离，出现肉芽组织，范围小的可瘢痕愈合，范围大的需植皮术 |

## 问题 82. 一氧化碳中毒应如何处置？

处置方法：

1）使患者尽快脱离现场，呼吸新鲜空气，有条件的可给纯氧。

2）对一氧化碳中毒患者要加强现场抢救，心搏、呼吸骤停患者应立即进行心肺复苏术。严重中毒者应将患者送往有高压氧舱设备的医院进行治疗。

3）昏迷患者伴有高热和抽搐时，应给予头部降温为主的冬眠疗法。

### 📖 小知识

一般情况下，一氧化碳（CO）中毒的程度取决于血中碳氧血红蛋白（HbCO）的含量，含量越多，缺氧越严重，而血中 HbCO 的含量又与空气中 CO 的浓度及吸入时间紧密相关（见表 4-3）。

### 表 4-3 血中 HbCO 浓度与症状

| 血中 HbCO 浓度 /% | 临床表现 |
| --- | --- |
| 0 ~ 10 | 无症状 |
| 10 ~ 20 | 前额部紧束感，轻度头痛，皮肤血管扩张 |
| 20 ~ 30 | 头痛，侧头部有搏动感 |
| 30 ~ 40 | 剧烈头痛、眩晕或疲劳、口唇、皮肤、黏膜呈特征性樱红色 |
| 40 ~ 50 | 除同上症状外，虚脱、神志不清，脉搏、呼吸加快 |

| 血中 HbCO 浓度 /% | 临床表现 |
|---|---|
| 50 ~ 60 | 脉搏、呼吸加快，昏迷，陈—施氏呼吸，间歇性抽搐 |
| 60 ~ 70 | 虚脱、间歇性抽搐，心脏呼吸抑制，直至死亡 |
| 70 ~ 80 | 脉搏细弱，呼吸抑制，呼吸衰竭死亡 |

## 问题 83. 野外受伤应如何处置?

在森林、草原火灾扑救中，由于摔伤、滚石砸伤、机具使用不当等原因，很容易造成灭火人员受伤。野外出现人员受伤时，通常采取止血和包扎方法进行紧急处置。

（1）止血方法

止血的目的是控制出血，保持有效的血容量，防止休克，以挽救生命。常用的止血方法有 3 种：指压止血法、加压包扎止血法、止血带止血法。

1）指压止血法。

指压止血法适用于头部、四肢较大动脉的出血。其止血特点：止血迅速，效果好，但不能长久，是临时性的止血方法。

操作要点：

◆ 准确掌握动脉压迫点；

◆ 用力适中，以伤口不出血为度；

◆ 压迫时间 10 ~ 15 分钟；

◆ 保持伤处肢体抬高。

2）加压包扎止血法。

当指压止血法不能阻止伤口继续出血，可以采取加压包扎止血法。

操作要点：

◆ 盖上敷料：面积超过伤口 3 厘米；

◆ 压迫伤口：均匀、持续 5 ~ 15 分钟；

◆ 抬高肢体：高于伤员心脏位置；

◆ 加压包扎：渗血多时加盖敷料。

3）止血带止血法。

四肢有大血管损伤，或伤口大、出血量多；当采用其他止血方法仍不能止血时，方可选用止血带止血法。根据使用材料的不同，可分为橡皮止血带止血法、布制止血带止血法、卡扣止血带止血法 3 种。

操作要点：

◆ 上止血带的部位在上臂上 1/3 处或大腿中上段；

◆ 上止血带部位要有衬垫；

◆ 记录上止血带的时间，每隔 60 分钟要放松 1 ~ 3 分钟；

◆ 放松止血带期间，要用指压法临时止血。

### 小知识

血液是维持生命的重要物质，被称为"生命源泉"。成年人的血液约占体重的 8%（每千克 60 ~ 80 毫升），全身血液总量为 4 000 ~ 5 000 毫升。

失血量小于全身血容量的 10%（500 毫升），人体可生理代偿。

突然失血量占全身血容量的 20%（800 毫升）以上可造成轻度休克，伤者脉搏增快达每分钟 100 次以上。

失血 20% ~ 40%（800 ~ 1 600 毫升）可造成中度休克，伤者脉搏增快达每分钟 120 次以上。

失血 40%（1 600 毫升）以上可造成重度休克，伤者脉搏细弱、触摸不清，随时可能危及生命（见表 4-4）。

表 4-4　失血症状表现

| 轻度休克 | 中度休克 | 重度休克 |
| --- | --- | --- |
| ◆ 血压下降<br>◆ 脉搏细速<br>◆ 神志模糊<br>◆ 皮肤苍白<br>◆ 四肢湿冷<br>◆ 口干尿少 | ◆ 血压降至 "0"<br>◆ 脉搏微弱测不出<br>◆ 神志昏迷<br>◆ 呼吸急促<br>◆ 皮肤发绀、冷汗淋漓<br>◆ 四肢厥冷、寒战颤动<br>◆ 尿闭无尿 | ◆ 深昏迷状态，各种条件反射消失<br>◆ 发生全身多脏器功能衰竭，如脑水肿、休克肺、心衰、肝衰、肾衰、全身弥漫性出血等<br>◆ 呼吸循环衰竭，引起死亡<br>◆ 死亡率极高，>90% |

**（2）包扎方法**

伤口是细菌侵入人体的门户，如果伤口被细菌污染，就可能引起化脓或并发败血症、气性坏疽、破伤风，严重损害健康，甚至危及生命。所以，受伤以后，如果没有条件做清创手术，在现场要先进行包扎。

1）包扎目的：一是保护伤口，防止进一步污染，减少感染机会；二是减少出血，预防休克；三是保护内脏和血管、神经、肌腱等重要解剖结构；四是便于转运伤员。根据包扎材料的不同，常用的包扎方法可分为 3 种：创可贴、尼龙网套包扎法，绷带包扎法，三角巾包扎法。

2）包扎要求：

"轻"：包扎动作要轻，不要碰撞伤口，以免增加伤员的疼痛和出血。

"快"：发现伤口要快，包扎动作要快，以免造成伤口的进一步感染和伤员痛苦。

"准"：包扎部位要准确、严密，对准伤口，不要漏伤。

"牢"：包扎要牢固，松紧适宜，以免妨碍血液流通和压迫神经。

## 问题 84. 野外骨折应如何处置？

由于受外力撞击、扭曲，肌肉过分牵拉，机械性碾伤，本身疾病等，骨的完整性或连续性遭到破坏，发生骨破裂、折断，称为骨折。如果骨折不固定，在搬运过程中骨折端会刺破周围的血管、神经；甚至引发脊柱骨折，导致截瘫等严重后果。

（1）固定的目的

1）制动，减轻伤员的疼痛。

2）避免损伤周围组织、血管、神经。

3）减少出血和肿胀。

4）防止闭合性骨折转化为开放性骨折。

5）便于搬运伤员。

（2）处置方法

1）首先检查意识、呼吸、脉搏，处理严重出血。

2）用绷带、三角巾、夹板固定受伤部位。如果有畸形，可按畸形位置固定。

3）夹板的长度应能将骨折处的上、下关节一起加以固定。

4）对于开放性骨折，禁止用水冲洗，不涂抹药物，保持伤口清洁和骨折断端暴露，不要拉动断端，不要将断端送回伤口内。

5）暴露肢体末端，以便观察血运。

6）固定伤肢后，如有可能，应将伤肢抬高。

7）如果现场环境对生命安全有威胁，要先将伤者移至安全区再进行固定。

8）临时固定的作用只是制动，严禁当场整复，同时应预防伤者休克。

## 🔥 小贴士

### 火场紧急避险七字诀

火场勘查最重要，地形火势要明了；
阻击火头保目标，安全区域开设早；
风力增大难扑打，突入迹地避火烧；
防护装备穿戴好，发挥功效安全保。


依托地形可点烧，手中机具显成效；
利用机具压火头，强行打开突破口；
毛巾掩住口鼻处，冲越火线要迅速；
进入迹地烟雾浓，蹲姿卧倒不动摇。

FIRE EXTINGUISHER

# 第5篇 法规篇

【引导语】进入 12 月份以来，东北林区大雪纷飞，大地一片银装素裹，森林、草原防火形势不再紧张，忙碌了一年的林牧民正式进入"猫冬"模式。王老汉坐在温暖的火炕上，拿出村里发放的《森林防火条例》《草原防火条例》，想到村委会主任说这两个条例是指导林牧区群众开展森林、草原防灭火工作的依据和准绳，只有了解条例相关规定，才能更好地开展好森林、草原防灭火工作，于是就仔细地阅读起来。本篇介绍了《森林防火条例》《草原防火条例》对森林、草原防灭火工作的相关规定，包括林牧区居民的消防安全义务、常见违法行为以及追究的法律责任。

## 问题 85. 林区违反规定用火，会受到什么处罚？

根据我国《森林防火条例》第四十七条～第五十三条：森林防火期内未经批准擅自在森林防火区内野外用火的，应责令其停止违法行为，给予警告，并处以经济处罚。造成森林火灾，构成犯罪的，依法追究刑事责任；尚不构成犯罪的，除处以经济处罚外，可责令责任人补种树木。

### 📖 小知识

为了有效预防和扑救森林、草原火灾，保障人民生命财产安全，保护森林、草原资源，维护生态安全，根据《中华人民共和国森林法》《中华人民共和国草原法》，相应制定了《森林防火条例》《草原防火条例》；已于 2008 年 11 月 19 日国务院第 36 次常务会议修订通过，自 2009 年 1 月 1 日起施行。

## 问题 86. 草原防火期内，哪些行为将受到处罚？

草原防火期内，以下 7 种行为将受到处罚：

1）擅自进入草原防火管制区的。

2）在草原上使用枪械狩猎、吸烟、随意用火。

3）违反规定使用机动车辆和机械设备，成为火灾隐患的。

4）有草原火灾隐患，经草原防火主管部门通知仍不消除的。

5）拒绝或者妨碍草原防火主管部门实施防火检查的。

6）损毁防火设施设备的。

7）过失引起草原火灾，尚未造成重大损失的。

## 问题 87. 根据《森林防火条例》，哪些违法行为要受到处罚？

《森林防火条例》第四十八条规定：违反本条例规定，森林、林木、林地的经营单位或者个人未履行森林防火责任的，由县级以上地方人民政府林业主管部门责令改正，对个人处 500 元以上 5 000 元以下罚款，对单位处 1 万元以上 5 万元以下罚款。（以下内容中，"以上"包含本数，"以下"不含本数。）

《森林防火条例》第四十九条规定：违反本条例规定，森林防火区内的有关单位或者个人拒绝接受森林防火检查或者接到森林火灾隐患整改通知书逾期不消除火灾隐患的，由县级以上地方人民政府林业主管部门责令改正，给予警告，对个人并处 200 元以上 2 000 元以下罚款，对单位并处 5 000 元以上 1 万元以下罚款。

《森林防火条例》第五十条规定：违反本条例规定，森林防火期内未经批准擅自在森林防火区内野外用火的，由县级以上地方人民政府林业主管部门责令停止违法行为，给予警告，对个人并处 200 元以上 3 000 元以下罚款，对单位并处 1 万元以上 5 万元以下罚款。

《森林防火条例》第五十一条规定：违反本条例规定，森林防火期内未经批准在森林防火区内进行实弹演习、爆破等活动的，由县级以上地方人民政府林业主管部门责令停止违法行为，给予警告，并处 5 万元以上 10 万元以下罚款。

《森林防火条例》第五十二条规定：违反本条例规定，有下列行为之一的，由县级以上地方人民政府林业主管部门责令改正，给予警告，对个人并处 200 元以上 2 000 元以下罚款，对单位并处 2 000 元以上5 000 元以下罚款：

（一）森林防火期内，森林、林木、林地的经营单位未设置森林防火警示宣传标志的；

（二）森林防火期内，进入森林防火区的机动车辆未安装森林防火装置的；

（三）森林高火险期内，未经批准擅自进入森林高火险区活动的。

## 问题 88. 根据《草原防火条例》，哪些违法行为要受到处罚?

《草原防火条例》第四十四条规定：违反本条例规定，有下列行为之一的，由县级以上地方人民政府草原防火主管部门责令停止违法行为，采取防火措施，并限期补办有关手续，对有关责任人员处 2 000元以上 5 000 元以下罚款，对有关责任单位处 5 000 元以上 2 万元以下罚款：

（一）未经批准在草原上野外用火或者进行爆破、勘察和施工等活动的；

（二）未取得草原防火通行证进入草原防火管制区的。

《草原防火条例》第四十五条规定：违反本条例规定，有下列行为之一的，由县级以上地方人民政府草原防火主管部门责令停止违法行为，采取防火措施，消除火灾隐患，并对有关责任人员处 200 元以上2 000 元以下罚款，对有关责任单位处 2 000 元以上 2 万元以下罚款；拒不采取防火措施、消除火灾隐患的，由县级以上地方人民政府草原防火主管部门代为采取防火措施、消除火灾隐患，所需费用由违法单位或者个人承担：

（一）在草原防火期内，经批准的野外用火未采取防火措施的；

（二）在草原上作业和行驶的机动车辆未安装防火装置或者存在火灾隐患的；

（三）在草原上行驶的公共交通工具上的司机、乘务人员或者旅客丢弃火种的；

（四）在草原上从事野外作业的机械设备作业人员不遵守防火安全操作规程或者对野外作业的机械设备未采取防火措施的；

（五）在草原防火管制区内未按照规定用火的。

《草原防火条例》第四十六条规定：违反本条例规定，草原上的生产经营等单位未建立或者未落实草原防火责任制的，由县级以上地方人民政府草原防火主管部门责令改正，对有关责任单位处 5 000 元以上 2 万元以下罚款。

## 问题 89. 因过失引起森林、草原火灾，需要承担刑事责任吗？

因过失引起森林、草原火灾并造成严重后果的，是一种过失危害公共安全的行为，在法律上称之为失火罪。可见，因过失引起森林、草原火灾，造成致人重伤、死亡或者使公私财产遭受重大损失的严重后果，构成失火罪的，需要承担刑事责任。

1）过失引起火灾，具有下列情形之一的，应以《中华人民共和国刑法》第一百一十五条第二款的规定，处三年以上七年以下有期徒刑：①导致死亡 3 人以上；②重伤 10 人或者死亡、重伤 10 人以上；③造成直接财产损失 100 万元以上；④烧毁 30 户以上且直接财产损失总计50万元以上；⑤过火有林地面积为50公顷以上或防护林、特种用途林10公顷以上；⑥人员伤亡、烧毁户、直接财产损失虽不足规定数额，但情节严重，使生产、教学、生活受到重大损害的。

2）过失引起火灾，具有下列情形之一的，应以《中华人民共和国刑法》第一百一十五条第二款规定的"情节较轻"，处三年以下有期徒刑或者拘役：①导致死亡1人以上或者重伤3人以上；②造成直接财产损失30万元以上；③烧毁15户以上且直接财产损失总计25万元以上；④过火有林地面积为2公顷以上。

## 问题 90. 哪些人不适宜参加森林、草原火灾扑救？

《森林防火条例》第三十五条规定：扑救森林火灾应当以专业火灾扑救队伍为主要力量；组织群众扑救队伍扑救森林火灾的，不得动员残疾人、孕妇和未成年人以及其他不适宜参加森林火灾扑救的人员参加。

《草原防火条例》第三十一条规定：扑救草原火灾应当组织和动员专业扑火队和受过专业培训的群众扑火队；接到扑救命令的单位和个人，必须迅速赶赴指定地点，投入扑救工作。

扑救草原火灾，不得动员残疾人、孕妇、未成年人和老年人参加。

需要中国人民解放军和中国人民武装警察部队参加草原火灾扑救的，依照《军队参加抢险救灾条例》的有关规定执行。

## 问题 91. 对因参加森林、草原火灾扑救而受伤、死亡的人员，国家有什么抚恤政策？

《森林防火条例》第四十四条规定：对因扑救森林火灾负伤、致残或者死亡的人员，按照国家有关规定给予医疗、抚恤。

《森林防火条例》第四十五条规定：参加森林火灾扑救的人员的误工补贴和生活补助以及扑救森林火灾所发生的其他费用，按照省、自治区、直辖市人民政府规定的标准，由火灾肇事单位或者个人支付；起火原因不清的，由起火单位支付；火灾肇事单位、个人或者起火单位确实无力支付的部分，由当地人民政府支付。误工补贴和生活补助以及扑救森林火灾所发生的其他费用，可以由当地人民政府先行支付。

《草原防火条例》第三十二条规定：根据扑救草原火灾的需要，有关地方人民政府可以紧急征用物资、交通工具和相关的设施、设备；必要时，可以采取清除障碍物、建设隔离带、应急取水、局部交通管制等应急管理措施。

因救灾需要，紧急征用单位和个人的物资、交通工具、设施、设备或者占用其房屋、土地的，事后应当及时返还，并依照有关法律规定给予补偿。

《草原防火条例》第四十一条规定：对因参加草原火灾扑救受伤、致残或者死亡的人员，按照国家有关规定给予医疗、抚恤。

**参考文献**
REFERENCE

［1］国家减灾委员会办公室.森林火灾紧急救援手册［M］.北京：中国社会出版社，2010.

［2］刘发林.森林防火［M］.北京：中国林业出版社，2018.

［3］中国法制出版社.森林防火条例 草原防火条例［M］.北京：中国法制出版社，2008.

［4］国家森林防火指挥部，国家林业局.《森林防火条例》解读［M］.北京：中国林业出版社，2015.

［5］刘桂香，宋中山，苏和，等.中国草原火灾监测预警［M］.北京：中国农业科学技术出版社，2008.

［6］张运山，舒立福.森林火灾扑救组织与指挥［M］.北京：中国林业出版社，2016.

［7］浙江省林业厅.图说南方森林火灾预防与扑救［M］.杭州：浙江科学技术出版社，2008.

［8］张思玉.《国家森林火灾应急预案》解读［M］.北京：中国林业出版社，2016.

［9］卢琦，周广胜.气象与森林草原火灾［M］.北京：气象出版社，2009.

［10］赵凤君，舒立福.森林草原火灾扑救安全学［M］.北京：中

国林业出版社，2015.

　　［11］李立田，刘建国 . 森林灭火基础教程［M］. 长沙：湖南人民出版社，2010.

　　［12］王立伟 . 实用森林灭火组织指挥与战术技术读本［M］. 北京：中国林业出版社，2016.

　　［13］岳茂兴 . 灾害事故现场急救［M］. 北京：化学工业出版社，2019.

　　［14］许虹，杨勇，尉建峰，等 . 生命急救技能［M］. 杭州：浙江科学技术出版社，2016.

　　［15］姜莉，玉山，乌兰图雅，等 . 草原火研究综述［J］. 草地学报，2018，26（4）：791-804.

　　［16］崔贵恩 . 上山火的几种有效扑救技术［J］. 森林防火，1997，54（3）：38-39.

　　［17］张志强 . 林火爆燃机理研究［J］. 消防界，2019（22）：33-35.

　　［18］白夜，李晖，王博，等 . 森林雷击火成因与防控对策［J］. 林业资源管理，2019，12（6）：7-11.

　　［19］崔国栋 ."四击法"扑灭入境火：中俄边境林区基本灭火战法研究［J］. 中国应急管理，2019（6）：48-49.

　　［20］张昊天 . 西南地区森林火灾灭火作战研究［D］. 北京：中国林业科学研究院，2014，4.

　　［21］郭磊 . 云南高山林区灭火战法研究［D］. 北京：中国林业科学研究院，2015，4.

　　［22］常宁 . 浅谈运用森林灭火战法的依据［J］. 森林防火，2016，6（2）：38-40.

　　［23］赵国刚 . 森林火灾紧急避险问题研究［J］. 今日消防，2019（4）：42-44.